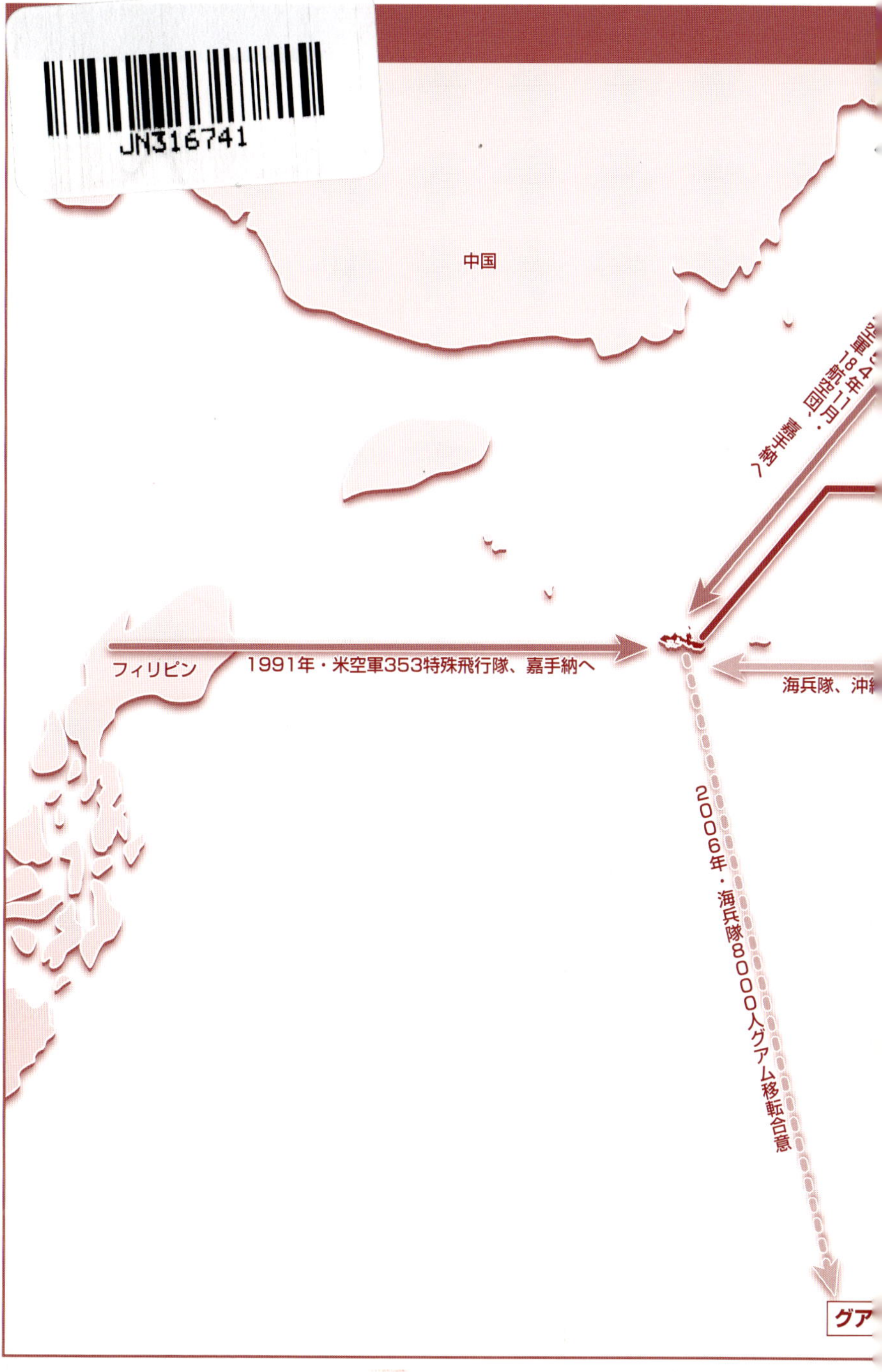
中国
フィリピン
1991年・米空軍353特殊飛行隊、嘉手納へ
2006年・海兵隊8000人グアム移転合意

米軍基地の現場から

普天間
嘉手納
厚木
横須賀
佐世保…

沖縄タイムス
神奈川新聞
長崎新聞
「安保改定50年」取材班

高文研

◆——はじめに

押しつけられてきた「同根の痛み」

日米安全保障条約改定から50年を迎えた2010年、米軍基地と基地をかかえる地域はどのような関係性を築いてきたのだろうか——。

在日米軍などの主要基地が置かれてきた沖縄、長崎、神奈川の地方紙3紙（沖縄タイムス、長崎新聞、神奈川新聞）が連携しあって、基地問題を現場から問いかけた連載記事が、「安保改定50年米軍基地の現場から」であった。2010年1月1日から6月まで、3紙が断続的に連載を続けたものである。全国の日刊紙でも、例のない取り組みであったと自負している。

各新聞社の若手、ベテラン記者が取材班をつくり、那覇や長崎、横浜で顔を合わせてコンセプトを議論した。1本の記事を、3紙で取材した材料を出し合って執筆するなど手間をかけたのも特徴である。

本書は、その連載記事をベースに再構成し、加筆したものである。

私たちがこの中で、最も強調したかったことは、基地を抱え、安保を支えてきた現場が、長年にわたり「同根の痛み」を押しつけられてきたという点にほかならない。

「安保の現場」は依然として、事件や事故、環境問題などさまざまな基地被害に脅かされている。しかし、安保・基地問題は、アジアの安全保障環境の不安定性、テロの脅威など、とかく大上段な防衛政策として論議されるばかりで、基地被害を訴える声はローカルな問題として分断化、矮小化され、全国的な世論とはなりえてこなかった。

基地を抱える地元新聞社として反省を含めて捉え返した。それぞれの地方紙が基地の負担軽減を訴えながら、ある意味で「井の中の蛙」ではなかったか。世論が分断されることで、国につけ込まれ、基地負担のたらい回しという事態を許してきたのではないか。横断的な連携で、基地負担を軽減してほしいという願いが決して地域エゴではなく、客観性を持つ訴えであることをアピールしたかった。

この合同企画が、第一に問いかけたのは、日米両政府の説明責任である。安保のあり方、基地のあり方に対して、両者は地元自治体や周辺住民に説明をつくしてきたか。基地負担の軽減に真摯《しんし》に取り組んできたといえるだろうか。

在日米軍基地や部隊を再配置する一連の米軍再編協議は２００６年に日米両政府の合意をみたが、その過程において、日本政府は米国政府との協議を優先し、関係自治体への説明は十分になされず、地元の意向を吸い上げる機会さえもなかった。

また第二に、時代とともに日米同盟は変貌を遂げている現実である。米軍は、ペルシャ湾から北東アジアにいたる「不安定の孤《こ》」を念頭に置き、テロや地域紛争への弾力的な部隊展開を検討している。日韓などとの同盟関係を強化しながら、長距離ミサイルの脅威を阻止するミサイル防衛（MD）や、原子力空母の横須賀配備など前方展開（海軍力）の増強も図っている。

極東の平和のために提供された在日米軍基地からイラクやアフガニスタンなどにも兵士が投入されることで、日米同盟の役割は拡大の一途である。呼応するように自衛隊の海外派遣が続く中、国民的な防衛論議が必要だろう。

だが、「沖縄問題」という言い方に象徴されるように、基地問題は、周辺住民以外は自分とは関わりのない課題と捉えていないだろうか。

安保改定50年を機に、さまざまな交付金をつぎ込んで沖縄、長崎、神奈川などへ基地を押し込め、安全保障への思考を停止する姿勢から、そろそろ脱却する必要があろう。

あらためて強調しておきたいのは、基地負担の軽減の要望、訴えは、イデオロギーの問題でもなく、人権、環境、まちづくりの問題である。

国内では、米軍が必要と思えば夜間でも爆音とともに軍用機が離着陸する。ひき逃げ事故をしても公務が理由になれば、米兵が釈放される現実がある。事件を起こした米軍関係者の日本への起訴前の身柄引き渡しは、あくまで米軍の「好意的な考慮」にすぎない。
2004年に起きた沖縄県宜野湾《ぎのわん》市の米軍ヘリコプター墜落事故では現場周辺が米側に占拠され、沖縄県警による現場検証すらできなかった。

しかし、海外ではどうだろうか。例えば米国内では、住民の騒音苦情を受けて、海軍航空基地が奥地に補助飛行場を設置する配慮をみせている。軍用機がどこでどの程度の騒音を出しているかという情報もきちんと公開するなど地域との摩擦を防ぐ努力をしている。

イタリアの米軍基地は、あくまでイタリアが基地管理権を持ち、地下水汚染の通報を受ければ、市の職員が基地内の環境調査ができるなど自治体の米軍基地へのアクセス権が認められている。政府間の覚書の中で、米軍による地域委員会の組織が取り決められ、地域の苦情を聞いている。

さすが、アメリカは民主主義の国である。だが、なぜ日本では危険な訓練や騒音が放置されているのか。ダブルスタンダードな対応は「差別的」といっても過言ではない。日米地位協定の改定は、喫緊の課題だろう。

安保は日米政府間だけで成り立つのではなく、地域住民の理解も大切な構成要素のはずである。安保を下支えしている現場は、ペンタゴンでも、外務省のある霞ヶ関、防衛省のある市ケ谷でもない。基地問題に取り組まなければ、ひいては周辺住民の日米安保に寄せる信頼は揺らぎ、空洞化を招くだろう。

米軍再編の日米合意に伴う沖縄・普天間飛行場の移設問題は混迷の度合いを深める一方である。地域から安全保障・基地問題を考えていく上で、本書が、参考になれば幸いである。

なお、登場人物の年齢、肩書きなどは、原則として新聞連載当時のものである。

２０１０年12月

神奈川新聞社編集局次長　報道センター長　中村　卓司

◆―もくじ

Ⅱ章 基地経済がもたらすもの

Ⅲ章 基地あるがゆえに

Ⅳ章 揺れる日米同盟

V章　変貌する自衛隊

装丁＝商業デザインセンター・増田　絵理

◆──プロローグ

基地3県はいま

日米安全保障条約は旧条約（1951年締結）改定から2010年で50年になった。今後も米軍の駐留は続くのだろうか。「脅威」とは、「抑止力」とはいったい何だろう？政府の説明はあいまいで、日米同盟が漂い続けている。

1950年代に「沖縄の基地化」が進み、海兵隊が日本本土から、空軍が韓国から移転した。米軍が自由に使う陸・海・空の提供施設・区域では日本の文民統制も及ばない。安保の功罪が住民に直結している「基地の街」では、半世紀の間に何が起き、どのような課題が浮かび上がってきたのか。

基地の街をかかえる県の地方紙3社は、それぞれの現場から「安保」を問いかけた。

神奈川県

原子力空母、威容を誇る

県内8市に計14の米軍施設が点在する神奈川県。都道府県別の施設数では全国3位で、総面積は約2080ヘクタールに上る。

在日米海軍司令部が置かれている横須賀基地は第7艦隊の一大拠点である。1966年に原子力潜水艦が初寄港し、1973年からは国内で唯一、空母が事実上の母港としている。現在は原子力空母ジョージ・ワシントンを含め11隻が配備され、中国などににらみを利かせる。その空母の艦載機約60機が拠点としているのが厚木基地。住宅密集地域に位置することから、周辺住民が騒音解消を求め、計4回の裁判を起こしている。

在日米陸軍司令部が置かれているキャンプ座間は、後方支援業務が主体だったが、米陸軍の世界的な改編

原子力空母を含む第７艦隊の中核、11隻の軍艦が事実上母港としている横須賀基地。

に伴い第１軍団前方司令部が発足、日米の連携強化を目的に２０１２年度までに陸上自衛隊中央即応集団の司令部も移転する予定で、機能強化が進んでいる。周辺には相模総合補給廠《しょう》などがある。

逗子《ずし》と横浜の両市にまたがる池子《いけご》住宅地区は、追加建設が予定されている。

このほか、約３７０万人が暮らす横浜市には、米陸軍の車両など輸送物資の搬入を行うノースドックや深谷通信所なども点在している。

強襲揚陸艦など8隻配備

米海軍佐世保基地のある長崎県北部の中核都市・佐世保市。被爆地として世界に反核平和を訴える県南部の県都・長崎市。日米安保とその背後にある米国の核抑止力に、長崎県内の2都市が向ける視線は対照的だ。

米海軍佐世保基地は補給・修理など艦船支援を主とする第7艦隊の基地。中枢施設が集中するメーンベースをはじめ佐世保港一帯に弾薬庫、貯油所など10施設が点在している。

土地面積は計約400ヘクタール（共同使用を含む）。有事の際に沖縄の海兵隊を運ぶ強襲揚陸艦や掃海艦など8隻が配備されている。軍人、軍属、家族ら計約5900人が生活し、日本人従業員約1400人が雇用されている（2010年3月現在）。

旧日本海軍鎮守府《ちんじゅふ》があった佐世保に、米海軍佐世保

中枢施設が集中する米海軍佐世保基地メーンベース地区の全景＝佐世保市

基地は終戦後の1946年6月に創設された。朝鮮戦争、ベトナム戦争で米軍の後方拠点となり、1964年に米原子力潜水艦（シードラゴン）、1968年には米原子力空母（エンタープライズ）が、国内で初めて寄港した。エンタープライズ寄港時には、阻止を訴える学生と警官隊が衝突する事態になった。

佐世保市には、海上自衛隊佐世保地方総監部や陸上自衛隊の駐屯地なども置かれている。

沖縄県

米太平洋戦略の「キーストーン」

在日米軍専用施設の74％が集中する沖縄。兵力は全体の6割に当たる2万1千人が配備されている。陸海空・海兵隊の全4軍の基地があり、沖縄の基地の7割を占有する海兵隊が最大兵力（1万2千人）で、長崎県佐世保を母港とする強襲揚陸艦で緊急展開する。

平時はアジア太平洋諸国の同盟国を巡回し、共同訓練を含めた軍事外交を展開する。近年頻発している地震、津波の災害救難活動といった民生部門にも重点を置いている。

空軍は極東最大といわれる嘉手納《かでな》基地にF15戦闘機48機を主力機として配備している。その他に空中給油機15機が太平洋を越えてくる米戦略爆撃機や輸送機などに給油する「空のガソリンスタンド」としての役割を果たしている。

嘉手納基地には海軍のP3C対潜哨戒機が常駐し、

米海兵隊普天間飛行場。間近まで住宅地が迫る＝宜野湾市

中国などの潜水艦をモニタリングしている。

また、空母艦載機や米本国からの外来機も多数飛来し、年間の離着陸回数は約7万回にもおよぶ。

陸軍特殊作戦部隊グリーンベレーが唯一の海外駐留地として、読谷村《よみたんそん》トリイ通信所を拠点としている。

沖縄は米太平洋戦略の「キーストーン」となっている。

Ⅰ章　在日米軍基地と向き合う

米海軍横須賀基地

1 原子力空母にぬぐえぬ不安

沖縄本島から東方に約280キロ離れた海域。米海軍の原子力空母ジョージ・ワシントンの飛行甲板では、すさまじい爆音と熱風を巻き起こし、FA18戦闘攻撃機が発着艦訓練を繰り返した。わずか2・7秒で時速220キロに加速した機体は一瞬で空に消えた。

北朝鮮による韓国砲撃で朝鮮半島情勢が緊迫化した2010年12月。初めて韓国軍がオブザーバーに加わった日米共同統合演習には日米で過去最大規模の4万5千人が参加した。特定の国を想定してはいないものの、北朝鮮に加え、海軍力が増強する中国をけん制する狙いは明らかだった。

報道陣を前に艦長のデイビッド・ラウスマン大佐は、日米連携の重要性を強調した上で「横須賀にはジョージ・ワシントンの乗組員5千人が住んでいる。横須賀へのジョージ・ワシントン配備が日本とこの周辺の防衛に貢献することになる」と言及した。

冷戦時代から米軍の前方展開拠点となってきた米海軍横須賀基地は、米側にとってその重みは増すばかりだ。通常型空母キティホークの後継艦として、ジョージ・ワシントンが横須賀に配備され

一般公開された原子力空母ジョージ・ワシントン。甲板上は雨にもかかわらず大勢の来場者でにぎわった＝2009年12月５日、米海軍横須賀基地

たのは２００８年9月。米本土以外に原子力空母が配備されたのは初めてだ。

ジョージ・ワシントン配備を機に、横須賀基地では岸壁整備や原子炉を冷却する純水製造施設が建設されるなど、支援態勢が整えられた。２００９年の原子力艦船の寄港回数は9年ぶりに20回を超えた。しゅんせつ工事が完了した13号バースは２０１０年１月に全工事を終え、より大型の原子力潜水艦の寄港も可能になり、同年の原子力艦船の寄港回数は25回に上った。

世界一といわれる高い技術力を持つ艦船修理廠《しょう》の存在も大きい。ここには約１９００人の日本人従業員が働き、15ある工場に分かれて艦内ではできない修理を手掛ける。艦船修理廠司令官のスティーブン・スタンシー大佐が「何でも修理できる」と明言するほどだ。

2008年９月、横須賀に配備された米原子力空母ジョージ・ワシントン。全長333メートルは東京タワーの高さと同じ＝米海軍横須賀基地

ジョージ・ワシントンが重油を燃料とする通常型の空母と異なるのは、小規模な原子力発電所並みの出力で、燃料交換を必要としない点だ。原子炉を動力とするため、艦載機用の航空燃料や弾薬をより多く搭載《とうさい》することができ、長期間の海上展開が可能になる。

地元・横須賀では手探りの「共存」が続く。恒例の基地一般開放イベントにはジョージ・ワシントン目当てに2万人の人出であふれ（21頁写真）、原子力空母の存在が日常化しつつある印象を受ける。しかしその一方、放射能漏れなど安全性への懸念もぬぐい去れずにいる。

２００９年1月から約4カ月間、横須賀基地でジョージ・ワシントンの大規模なメンテナンスが米本土以外で初めて行われた。3月下旬に低レベル放射性廃棄物を約1トン、貨物船で搬出したことが明らかにされたのは数日後のことだ。今も具体的な作業内容は明らかにされないまま、情報開示は進んでいないのが実情だ。

ジョージ・ワシントン配備に反対する市民団体共同代表の呉東《ごとう》正彦弁護士は、「安全と主張するのであれば、堂々と情報開示して説明するべきではないか」と指摘する。

米海軍横須賀基地　米軍最大の海外軍港。在日米海軍司令部や横須賀基地司令部、海軍艦船修理廠などが置かれる。原子力空母ジョージ・ワシントンのほか、米第7艦隊旗艦の揚陸指揮艦ブルーリッジや弾道ミサイル防衛に対応できるイージス艦など計11隻が事実上の母港としている。

米海軍厚木基地

2 揺れ動く艦載機移駐

「予感が的中した」――2009年12月、鳩山由紀夫首相が米軍普天間飛行場（沖縄県宜野湾市）の移設先選定見送りを伝えるテレビニュースを見ながら、米海軍厚木基地（神奈川県大和、綾瀬市）の周辺自治体のある幹部職員はつぶやいた。

不安は2009年夏の総選挙に端を発する。民主党がマニフェスト（政権公約）で在日米軍再編の見直しを掲げたからだ。統一されたパッケージとしてまとめられた再編計画。一つでもストップすれば、厚木から岩国へという艦載機移駐も凍結しかねない。

厚木基地を抱える衆院小選挙区では、民主党新人の橘秀徳氏が現役閣僚だった自民党・甘利明氏を小差で破った。しかし、選挙戦で橘氏は再編に具体的に言及することなく、基地問題が大きな争点になることはなかった。

対照的なのは、厚木からの移駐先の米海兵隊岩国基地（山口県岩国市）の周辺だ。受け入れをめぐる2度目の市長選で容認派市長が誕生したが、衆院選では民主党候補者が移駐見直しを掲げて勝

住宅密集地のど真ん中にある米海軍厚木基地。米空母艦載機約60機が拠点としている。

利した。

移駐反対の活動を続ける井原勝介前市長は新政権による普天間問題の先送り表明を受け、「今こそ、再編全体の見直しを図るべきだ」と力を込めた。

住宅密集地に存在し、危険性除去が求められる航空基地。その移転先は首長が受け入れ姿勢を示しつつ、足元は政権交代を追い風に再び反対のうねりが強まる。そんな構図は普天間問題とも重なり合う。

だが、日米間の政治問題にまで発展した普天間問題とは異なり、東京・永田町で艦載機移駐の議論が白熱しているとは言い難い。２０１０年度予算案には２７０億円にも上る移転関連経費が盛り込まれたものの、厚木基地周辺自治体からは「移転は長年の悲願。岩国には悪いが、普天間問題でストップしては困る」（幹部）と、不透明な情勢にいら立ちの声も漏れ始めた。

日米安保改定と同じ1960年、騒音被害解消のため周辺住民らで発足した厚木基地爆音防止期成同盟で約40年、先頭に立つ鈴木保委員長は、半世紀にわたる悲願が目の前に届きそうになってもなお、「被害のたらい回しになる」と岩国への移駐に反対論を唱えた。そのうえで、「この際、対米関係を一から見直し、国外も含めた移駐先の議論を徹底的にするべきだ」と主張した。

騒音や墜落事故に向かい合い、肌身で感じてきた基地被害。静かな空をひたすら願い、政権交代が基地政策を一変させる好機ととらえていた「闘士」は2010年4月、長年の悲願をみることなく死去した。

米海軍厚木基地

横須賀を事実上の母港とする空母の艦載機部隊（約60機）が拠点とし、海上自衛隊も共同使用する。深刻な騒音被害から、住民らが損害賠償などを国に求めて4度の提訴をしている。2006年の米軍再編ロードマップには、14年までに艦載機を米海兵隊岩国基地に移駐する計画が盛り込まれた。

米陸軍キャンプ座間

3 米戦略に振り回される新組織

「ファースト・レスポンダー（最初に反応する者）」。米陸軍幹部はキャンプ座間（神奈川県座間、相模原市）に発足した第1軍団前方司令部をこう呼ぶ。

2009年4月4日、キャンプ座間では基地開放の恒例イベントが開かれていた。800本の桜が並ぶ敷地内。約2万人が屋台やコンサートなどを楽しむ光景とは対照的に、緊迫感に包まれる施設があった。

当時、北朝鮮が人工衛星と称してミサイル発射を予告していた。周辺海域には日米のイージス艦が展開するなど、在日米軍と自衛隊は慌ただしく動いていた。

前方司令部発足に伴い、キャンプ座間南側の司令部棟に整備されたコマンドセンターも監視の目を光らせた。入退室が厳重に管理された200平方メートルの室内。兵士たちが詰めかけ、モニターに映し出されるミサイル情報の対応に追われた。

ミサイルが太平洋に落下したのは翌4月5日だった。「詳しい任務はいえない」と、在日米陸軍

第１軍団前方司令部が初参加して行われた日米共同方面隊指揮所演習（ヤマサクラ）の開始式。米軍兵士と陸上自衛隊員が肩を並べた＝2009年12月７日、北海道・東千歳駐屯地

と前方司令部の司令官を務めるワーシンスキー少将は具体的な言及は避けつつ、「米空海軍、自衛隊と連携し情報把握に努めた」と、実戦任務の成果を強調した。

有事の際、素早く前線に展開するのが前方司令部である。作戦を立案し、米本国に援軍も要請する。戦車などは持たず、世界に散らばる米軍との通信機能を有する、いわば頭脳集団だ。テロの脅威に対応する米軍の世界的な戦略見直しの中で生まれた新組織は、「有事即応型の類を見ない部隊」（ワーシンスキー少将）という。

だが、その計画に狂いも生じている。米軍再編がまとめられた当初は、米西海岸からアフリカ東岸までを所管し、イラク戦争にも参加している太平洋軍の主戦力・第１軍団司令部（ワシントン州）そのものが移駐するともされていた。だが、現在の前方司令部要員は予定の300人を大幅に下回る約90人。多くが在日米陸軍の任務を兼任するなど小規模で推移し、母体とした第1軍団司令部と別個の組織として運用されている。

「イラク・アフガンに人が割《さ》かれた」と説明するのは、前方司令部を統括する太平洋陸軍（ハワイ州）のミクソン司令官だ。「戦争が一段落したら再評価の必要がある」と、一方で増員の可能性に触れることも忘れなかった。

キャンプ座間には2012年に、東京都練馬区の朝霞駐屯地から、海外派遣や対テロ戦などに特化した陸上自衛隊中央即応集団の司令部が移転する。日米陸上部隊の主要司令部を同居させることで、相互の連携強化を、より一層高めることが狙いだ。2010年10月には事実上、陸上自衛隊家族宿舎の建設と引き替えとされた基地返還案を座間市が受け入れ、移転に向けた下準備は着々と進む。

オバマ政権の誕生、泥沼化するアフガン情勢……。キャンプ座間は、米軍の世界戦略のはざまで揺れ動きながら、日米の実戦部隊が歩みを一つにする〝橋頭堡《ほ》〟になりつつある。

キャンプ座間　在日米軍再編で米陸軍第1軍団前方司令部が2007年に発足した。負担増に反発した地元の座間市に対し、国は再編交付金の支給から座間市を外すなど衝突してきた。08年には、市が受け入れを表明し、双方で基地負担軽減を話し合う協議会を設立した。

米軍池子住宅地区

4

「追加建設はしない」の約束も反故《ほご》に

「感慨深い。新しい歴史を刻むスタートになる」

米軍池子住宅地区（逗子市、横浜市金沢区）の横浜市域への住宅追加建設の是非などが争点となった2010年12月の逗子市長選。次点に大差をつけて再選を決めた翌日、現職の平井竜一市長（44歳）の視線は市庁舎の壁にかかった懸垂幕に向けられていた。白地に青と緑で書かれた「池子の全面返還は市民の願い、住宅追加建設反対」の文字。市を挙げた追加建設反対の象徴だったが、選挙で建設容認に転じた平井氏は「市民の信託が得られた」として、7年ぶりに自らの手で降ろしたのだった。

追加建設問題の源流は四半世紀前にさかのぼる。

国が池子地区での住宅建設を初めて表明した1983年以降、受け入れの是非をめぐり市長のリコール運動や住民投票など「池子の森」を守る住民運動が繰り広げられた。94年に国、県、市の3者が「追加建設しない」との条件付きで建設に合意したが、国は2003年に横浜市域への追加建

「池子の森」を切り崩して整備された高層8棟、低層60棟の米軍家族住宅。横浜市域に約４００戸の追加建設が計画されている＝米軍池子住宅地区

設を発表した。地元では反対運動が再燃した。

状況が大きく動いたのは09年7月。国が逗子市に約40ヘクタール返還の見返りとして、米軍家族住宅と小学校建設の一括解決を打診してからだ。10年9月には日米合同委員会が約40ヘクタールの共同使用を正式合意した。平井氏は苦悩の末に「横浜市域については言及しない」と容認にかじを切った。

反対姿勢を貫けば、強制着工されてしまう。国との決定的な対立は避けるべき――。市長就任当初から反対してきた平井氏が「現実路線」に転じたのは、そうした〝危機感〟があったからにほかならない。建設予定地は横浜市域だけに阻止することは難しいからだ。

市役所の壁に掲げられている住宅追加建設反対の懸垂幕を下ろす平井市長＝2010年12月13日、逗子市役所

一方、日米両政府にとっても追加建設は解決しなければならない懸案だった。防衛省は水面下で米側に対し「住宅建設を望むなら交渉のテーブルに

着くべき」と、約40ヘクタールの共同使用を日米合同委員会の議題に載せるよう説得に当たっていた。一連の動きは国の誠意を示すシグナルとなり、逗子市の容認を引き出すきっかけになった。

追加建設計画が浮上してから7年余り。追加建設を容認する立場で、約40ヘクタールの共同使用の早期実現を掲げた平井氏が再選し、追加建設は具体化へ向けて動き出す見通しだ。

新たな〝基地負担〟が現実味を増すにもかかわらず、かつてのような反対運動が起きる雰囲気は、ない。完成から10年以上が経過した米軍家族住宅の存在は日常と化し、市民の間では若年層を中心に無関心層が増えている。

緑地保全を訴えて反対運動を続けている市民団体の中野英子さん（67歳）は、「反対する気持ちは昔より今の方が強い。あれだけ反対したのに米軍家族住宅を建てられてしまったという挫折感が市民の中にあるのは間違いない」と言う。

建設受け入れなら返還というアメとムチの使い分け。街に漂うのは国のやり方への不信と倦怠感だ。

米軍池子住宅地区　総面積は約２８８ヘクタール。逗子市域は約２５２ヘクタールを占め、市域の約15％。現在は８５４戸の米軍家族住宅に約3千人が暮らす。日米両政府は横浜市域に約４００戸の追加建設、逗子市域に米軍家族向け小学校、両市域をつなぐトンネルの整備を計画している。

●――横浜ノースドック

5 戦略上、価値増す「港の拠点」

横浜港を臨む２００９年の年の瀬の横浜ランドマークタワー。横浜・みなとみらい（ＭＭ21）地区にそびえるビルの展望フロアは、クリスマス気分も相まって絶景を楽しむカップルや観光客らであふれ返っていた。

69階建て、地上２７３メートルの高さから見下ろすと、赤レンガ倉庫や山下公園などの横浜の観光名所と並んで、眼下にすぐさま飛び込んでくるのが、在日米陸軍横浜ノースドックだ。

商業船などがひっきりなしに往来する横浜港。埠頭《ふとう》や工場がひしめく臨海地区の中で、東京湾から一直線で出入港できる一等地に、この米軍施設はある。

艦船からゆっくりと積み降ろされるコンテナ、広大な敷地内に整然と並ぶ物資や車両。戦闘機などは存在せず、一見穏やかな基地も、有事には荒々しい素顔をむき出しにする。

ベトナム戦争が泥沼化の一途をたどっていた１９７２年夏。相模総合補給廠《ほきゅうしょう》（相模原市）で修理を終えたＭ48戦車などがノースドックに運ばれ、次々に戦地へと運ばれた。周辺ではデモ隊が車

横浜港のど真ん中に位置する横浜ノースドック（中央）。周囲の臨海地区にはホテルや工場などが林立する。右手前のかまぼこ型の建物はコンチネンタルホテル。

列の前に立ちふさがるなどして、搬出を一時ストップさせた戦車闘争も巻き起こった。

そんな後方支援基地に、潜水艦の音を探知する音響測定艦の拠点という別の顔が加わったのは数年前から。東シナ海などで活動する中国潜水艦の監視のため、米海軍が日本周辺海域に目を光らせ始めたためだ。

２００９年３月には、ノースドックにもたびたび姿を見せる米海軍の音響測定艦インペッカブルが、南シナ海で中国艦船から妨害を受けたとするトラブルも明るみに出た。海上自衛隊幹部が「日本近海には中国軍艦がうじゃうじゃいる」と語るように、音響測定艦の展開は、日本周辺海域が冷戦期の米ソから、米中による水面下の攻防の最前線となっていることをうかがわせる。

都市形成に多大な影響を与えているとして横浜市が返還を求め続けるノースドックだが、米軍再編に伴いキャンプ座間（座間、相模原市）には米陸軍の第1軍団前方司令部が発足し、国道などで結ばれたノースドックは米国にとって一層価値を増すとみられている。

在日米陸軍のワーシンスキー司令官は「戦略上、西太平洋の重要な場所にある」と指摘し、「日本だけでなく、米国の防衛にも役立っている。何より、有事の際は商業の港を横取りすることなく使うことができる」と、横浜港のど真ん中に基地があることの重要性を強調した。

横浜市内の基地　第二次世界大戦後の連合国軍による接収は、横浜市内だけで最大１２００ヘクタールに及んだ。現在は6施設、計４７０ヘクタール。日米は２００４年、池子住宅への追加建設とともに、市内の基地返還方針で合意した。実現すればノースドック（52ヘクタール）を含めた3施設、計１０６ヘクタールとなる予定。

辺野古とキャンプ・シュワブ

6 「是非」めぐって揺れ続ける辺野古

「13年たっても辺野古《へのこ》案が消えていない」

米軍普天間飛行場代替施設移設問題について、民主党・鳩山政権は、2009年12月15日、年内決着を見送った。翌月の名護市長選で争点化することを嫌う政府は、一気に辺野古案を進めるとの観測があった。首相の結論先送りで緊迫は一時的に解けたものの、辺野古で座り込みを続ける住民らが警戒を解くことはなかった。

日米両政府が普天間移設先として合意した沖縄県名護市辺野古の米海兵隊キャンプ・シュワブ。その近くの漁港の脇に反対派が建てた座り込みテントがある。12月5日、文字盤には「2067日」の座り込み日数が刻まれていた。

北風でテントがきしむ。厚着をした女性（82歳）は「子や孫のために座り込みしている。政府は早く別の移設先を提案すべきだ」と表情をこわばらせた。

辺野古移設反対の県民大会が開かれた日、上陸訓練を行う米兵＝2009年11月８日、名護市辺野古のキャンプ・シュワブ

移設反対の県民大会が宜《ぎ》野《の》湾《わん》市で開かれた２００９年11月８日、日曜日にもかかわらずキャンプ・シュワブでは銃を携帯した海兵隊が上陸訓練をした。２万人以上集まった県民大会もお構いなしだ。

テントから約６００メートルほどのところに、移設を容認する「代替施設推進協議会」の事務所がある。先送りの政府方針に、宮城安秀会長は「県民を納得させる結論があるのか」と無念さを漂わせながら、「『やっぱり辺野古』ではより反発を買う」と懸念する。

辺野古区は半世紀前、本土から沖縄へ移転した海兵隊を受け入れた。シュワブが建設され、周辺に一大特飲街ができた。ベトナム戦争中、戦地行きを控えた海兵隊員が世捨て銭のようにドルをばらまいた。

今、社交街はすたれたが、集落には基地内の共有・私有地の地代が毎年数億円入る。経済的なつながりから基地に対する住民感情は複雑だ。40年近く飲食店を営む70代の男性は、普天間移設に「ベトナム再び」を期待してはいない。「区民の7割以上が、来るものは仕方がない、という消極的な賛成」とみている。

普天間移設問題を最大の争点とした名護市長選は2010年1月24日に投開票が行われ、「陸にも海にも基地は造らせない」と訴えた稲嶺進氏が、基地受け入れ容認派の現職・島袋吉和氏を破って初当選した。普天間問題が浮上してから4度目の市長選で、初めて反対派が勝った。

地元の民意は明確に示されたにもかかわらず、日米両政府は名護市をあきらめない。移設先の米海兵隊キャンプ・シュワブがある辺野古区で、初老の男性は「これが宿命なのか」とため息をついた。

普天間飛行場移設問題

日米両政府は1996年、宜野湾市の米軍普天間飛行場の移設返還を合意、99年に名護市辺野古の沖合での代替滑走路建設を決めた。両政府は2006年5月、移設位置を陸側へ寄せ、岬の上でV字形に滑走路2本を建設する計画に変更した。

キャンプ・シュワブと辺野古

7 日米戦略下、苦渋の選択

1956年、小さな集落の「選択」が沖縄中に大きな波紋を広げた。久志村《くしそん》(現・名護市)辺野古区が海兵隊キャンプ・シュワブを受け入れたのだ。

「支配下の選択だった」——元区長の宮城安行さん(84歳)は、当時をそう振り返る。

1950年2月、東京の連合国軍最高司令官総司令部(GHQ)は沖縄の恒久基地化を発表した。さらに55年5月、GHQは岐阜、山梨の両県に駐留していた米海兵隊の沖縄移転を決定した。辺野古区は日本の敗戦と米軍駐留、そして冷戦の中の米極東戦略という大きな荒波にのみ込まれていった。

沖縄を統治していた米軍は、辺野古区を含む広大な山林の接収を通告してきた。「反対するなら住宅地を接収、強制立ち退きも辞さない。一切の補償も拒否する」と高圧的だった。

収入源だった「山稼ぎ」(林業)に陰《かげ》りがみえていた。久志村と辺野古区は基地受け入れと引き換えに、施設建設工事の作業に地元住民を優先雇用するほか、米軍の余剰電力の使用などを求めて

海兵隊員がドルを投げ入れたビン。ベトナム戦争時代は一晩でバケツいっぱいになったという＝名護市辺野古のバー

交渉した。米側が条件を全面的にのみ、久志村は１９５６年12月、土地提供に応じた。

１９５９年、基地が完成し２０００人の海兵隊員がやってきた。飲み屋が並ぶ「辺野古社交街」ができ、辺野古区の人口は７００人から１９６２年には２１００人に膨《ふく》れた。

沖縄県内のほかの地域では、米軍は土地提供に反対する住民を銃剣で追い払い、ブルドーザーで家屋、田畑をつぶしていた。それに対してムシロ旗を立てた「島ぐるみ闘争」が広がっていた。

基地を受け入れた辺野古区に冷ややかな目が向けられることもあった。元区長の宮城さんらは村外の飲み屋で、居合わせた客から罵声を浴びせられたこともあった。

「米軍基地は貧しかった辺野古の生活レベルを向上させた。受け入れたことを今も誇りに思う」と宮城さんは語る。

それから40年後の１９９６年、米軍普天間飛行場の移設先として辺野古が再浮上した。区の代表者らで構成する行政委員会は政府と条件交渉するというスタンスで、政権交代後もその方針を変えていない。辺野古区の大城康昌区長は「折り合いが付かなければ、移設反対に転じる可能性もある」と語る。

２０１０年１月の名護市長選で、辺野古案に反対の稲嶺進氏が賛成派の現職を破り初当選し、11月の県知事選でも普天間の県外移設を訴えた仲井真弘多知事が再選された。沖縄は辺野古移設を拒否した。にもかかわらず民主党政権は沖縄の民意を無視し、基地建設を進める構えだ。

小さな集落が安保の中で漂う。

辺野古区　本島北部の東側に位置する名護市の行政区で、面積は約１１００ヘクタール。10班で構成され、人口約２１００人。３年に一度行われる大綱引き（ツナピケー）は有名。海兵隊と交流が盛んで、キャンプ・シュワブを区民は親しみを込めて「11班」と呼ぶ。

米軍普天間飛行場

8 グアム移転に託す悲願

宜野湾市の高台にある在沖米国総領事公邸。日はとっぷりと暮れ、眼下にはラムズフェルド米国防長官が「世界一危険」と評した米軍普天間飛行場の滑走路が、赤や青の照明でライトアップされている。

２００９年11月30日、ジョン・ルース駐日米大使が基地を抱える地域の首長らを招いて夕食会を催した。

ワイングラスを手にしたルース大使はほとんど無言で、「米国内法でも違法な基地だ」と語る伊波洋一宜野湾市長の説明を聞いていた。

県内移設が「ネック」となって、13年以上も宙に浮く普天間飛行場返還。伊波市長は在沖米海兵隊のグアム移転を進め、名護市辺野古のキャンプ・シュワブ沿岸に代替施設は建設すべきではない、と主張した。

食事後、一同はリビングへ移りソファに腰掛けた。ルース大使が言葉を発しようとした矢先、へ

北沢防衛相に普天間飛行場の説明をする伊波市長（左）＝2009年９月、宜野湾市嘉数高台公園

リの騒音が会話を遮った。苦笑いを浮かべ、ルース大使は続けた。

「現行案が実現可能な案だ」と。

２００３年、伊波市長は「普天間機能の海外への分散移転」を公約に掲げ初当選した。沖縄県内での基地のたらい回しは許さないとして、普天間移設をてこにした在沖米海兵隊の撤退が悲願だ。

伊波市長の一貫した「国外」の主張を「確信」に変えたのは、在日米軍再編以降の米軍の方針だ。

06年の「グアム統合軍事開発計画」は在沖海兵隊のヘリ67機を収容できる駐機場整備を明記している。それは普天間の機能に匹敵する施設になる。

07年にグアムを視察した伊波市長に対し、空軍基地の副司令官は「65から70機の海兵隊航空機を受け入れる施設整備が予定されている」と説明した。

09年11月に公表されたグアム移転に関する環境影響評価書素案には、沖縄からの移転は司令部だけでなく、普天間のヘリ部隊も含まれるとの記述があった。伊波市長は「事実上、（名護市移転の現行案は）否定された」と安堵の表情さえ浮かべた。

一方、移設先ばかりに焦点が当たり、「市民の命」に直結する危険性は放置されたままだ。普天間飛行場に隣接する沖縄国際大学に海兵隊の大型輸送ヘリが墜落している（04年8月）。伊波市長は「前政権よりも危険性を重要視している」と民主党に期待感をにじませた。

しかしその望みは叶えられそうにない。政府はいまのところ辺野古移設案を進める方針に変わりなく、地元の反対で実現しなければ、普天間は固定化される可能性すらある。

宜野湾市　人口約9万人、3万7千世帯。市の中心部に約481ヘクタールの普天間飛行場があり、市面積の約4分の1を占める。滑走路は約2800メートル。52機が配備されており、うち36機が回転翼機。

⑨ 米空軍嘉手納基地

「負担の象徴」改善なく

沖縄本島のほぼ中央に横たわる嘉手納基地は「極東最大」といわれる米空軍の飛行場だ。嘉手納町、沖縄市、北谷《ちゃたん》町の3市町にまたがる総面積1986・7ヘクタールのフェンスの中に「米国の街」が収まっている。

クリスマスムード漂う2009年12月6日、基地内にある赤瓦屋根が印象的な司令官の自宅で、地元の首長らを招いた忘年会が開かれた。ケネス・ウィルズバック司令官の故郷・米南部の郷土料理が並び、軽装の参加者たちが、立食スタイルで談笑していた。

「嘉手納統合案は粉砕したよ。乾杯しよう」

招待された嘉手納町の宮城篤実町長は、ホスト役の司令官に向けてグラスを掲げた。司令官は笑顔で応じ、気脈が通じるところを見せつけた。

2カ月前の10月5日。宮城町長は司令官を訪ね、政府与党幹部から提示された米軍普天間飛行場の機能を嘉手納基地に移す「嘉手納統合案」を説明した。歴代司令官が示した「海兵隊と空軍の共

轟音を響かせて離陸する嘉手納基地所属のF15戦闘機＝米空軍嘉手納基地

同使用は受け入れられない」との意思を受け継いでいると確認し、統合案に反対する「仲間」の存在に安堵していた。

約3700メートルの滑走路2本と、常時100機を超える米軍機が飛び交う嘉手納基地は、これまで2度の爆音訴訟で違法性が指摘されている。過去には燃料流出や戦闘機の墜落事故などが発生し、沖縄の「基地負担の象徴」でもある。

米軍施設が町面積の83％を占める嘉手納町で、5期19年にわたって町政のかじをとる宮城町長は、継続して基地の運用改善を求めてきた。

しかし、在日米軍再編で負担軽減の目玉とされた所属戦闘機F15の県外自衛隊基地への訓練移転は、外来機の飛来などで逆に騒音が増大し、航空機騒音規制措置も形骸化している。嘉手納町が国にたびたび要請してきた基地使用協定の締結も、自公政権は困難視するだけで進展はなかった。

政権交代後の今回の嘉手納統合案は、初めて同案が浮上した1996年と異なり、全体の騒音の低減が前提、と岡田克也外相は説明してきた。だが、宮城町長は「負担軽減の約束すら守られてこなかった。騒音を減らして統合するなんてできるわけがない」と一蹴した。

政府の基地行政に対する宮城町長の不信の根深さは、これまでの政府の対応への不満の表れでもある。

民主党政権は普天間移設問題とは別に、さらなる沖縄の負担軽減を検討中だ。政権交代で嘉手納基地の運用改善にも光明がさすのか……。

航空機騒音規制措置　午後10時から午前6時の飛行と、地上での活動を必要最小限にすることや、飛行ルートの設定は学校、病院を含む人口稠密《ちゅうみつ》地域の上空を避けることなどを規定している。1996年の日米合同委員会で合意。

米海軍佐世保弾薬補給所

10

米軍・国の意向優先、政治力で解決へ

長崎県佐世保市中心部の南側に開けた佐世保港は、一等地に米海軍と海上自衛隊、造船企業の佐世保重工業（ＳＳＫ）の施設がひしめく。米海軍佐世保弾薬補給所（前畑弾薬庫）もその一つだ。佐世保市の悲願である軍民施設の整理統合（すみ分け）の鍵を握る場所とされる。

佐世保市は１９７１年から前畑弾薬庫などの返還（返還６項目）を国に要望してきた。30年以上経た２００７年、日米合同委員会施設調整部会は、佐世保市内の米海軍針尾島弾薬集積所（針尾弾薬庫）の拡大整備などを条件に、前畑の針尾移転と完了後の返還に基本合意した。

１９９０年ごろまでに前畑では背後地の宅地化が進み、安全面の懸念もより深刻になってきた。そうした中で92年に「米軍が移転を検討」との情報を佐世保市が把握した。90年代半ばには山口県の米軍岩国基地の滑走路沖合移設にめどが立ち、防衛予算について「次は佐世保」との見方も地元に出ていた。だが、当時から現職の市岡博道佐世保市議（58歳）は「（前畑の進展は）久間さんの存在が大きかった」と振り返る。

弾薬庫が並ぶ米海軍佐世保弾薬補給所。背後には住宅が間近まで迫る＝佐世保市

前畑弾薬庫は米軍の運用上、市外移転は困難との認識が地元には強く、移転先として「針尾」の名が誰の頭にもあった。それだけに移転を言い出せば針尾の反発は避けられない。だが市内移転の可能性を示さない限り、米側が移転交渉に応じることは考えられない。返還を求める運動は壁に突き当たっていた。

しかし98年、防衛庁長官だった長崎県選出の久間《きゅうま》章生衆院議員が、旧友の光武顕佐世保市長に水面下で「針尾への集約」を打診。

久間氏は同年、私案として針尾移転を地元に提案し、構想を地元論議の俎上《そじょう》に載せた。こうした案件で防衛庁側が口火を切るのは異例だった。

2000年、光武市長が針尾を移転先として表明した。これを受け針尾周辺の住民団体、漁協などと交渉が始まり、その後の日米間での具体的協議にもつながっていく。日米が基本合意した07年も、久間氏が防衛庁長官（後に初代防衛相）を務めていた。

当時の前畑問題は、移転先が市外か否かで停滞した点で米軍普天間飛行場（沖縄県宜野湾市）の移設問題にも似ている。だが佐世保は声高に問題を言いつのるよりも、米軍、国の意向を測りながら政治の力で現実的解決を図った。市岡市議は「それが佐世保の一種独特なところ」だと言う。

2009年4月までに針尾周辺の住民団体、漁協など関係10団体はすべて、弾薬庫移転受け入れに基本的に同意した。漁協幹部のひとりは「佐世保市の発展のため協力やむなし、と応じた」としたが、「米軍が一番有利な立場にいて、国も市も米軍の顔色をうかがってばかり。住民のことは忘れられているのではないか」と漏らす。

佐世保の米海軍弾薬庫

前畑弾薬庫は港に面した佐世保市前畑町の約58万ヘクタールに、34の弾薬庫が配置されている。針尾弾薬庫は有福、江上、針尾北の3町にまたがる約130ヘクタール。ともに旧日本海軍施設を戦後接収して開設された。

佐世保港

11 軍需依存を脱却できず

長崎県佐世保港には「葉港《ようこう》」の別名がある。「サ（草かんむり）」「世」「ホ（木）」を組み合わせると「葉」になることと、ヤツデの葉のような湾形が由来とされる。ヤツデの葉の端々に、米軍と自衛隊の基地施設が点在している。

佐世保市は人口約26万人。長崎県内で南部の県都・長崎市に次ぐ県北の中心都市だ。日本の軍備近代化が進んだ明治中期、深い入り江があり、湾口が狭く中が広い防御に適した地形から旧日本海軍佐世保鎮守府《ちんじゅふ》が開庁した。九州各地から人が集まり、それまで小さな村だった佐世保は一気に都市として膨れ上がった。

最初から軍港として始まった街の生い立ちは、１００年以上経た今にも影響を及ぼしている。

終戦後進駐した米軍は旧日本軍施設を接収し、１９４６年に米海軍佐世保基地を創設した。１９５３年には海上警備隊佐世保総監部（現在の海上自衛隊佐世保地方総監部）も置かれた。佐世保港は

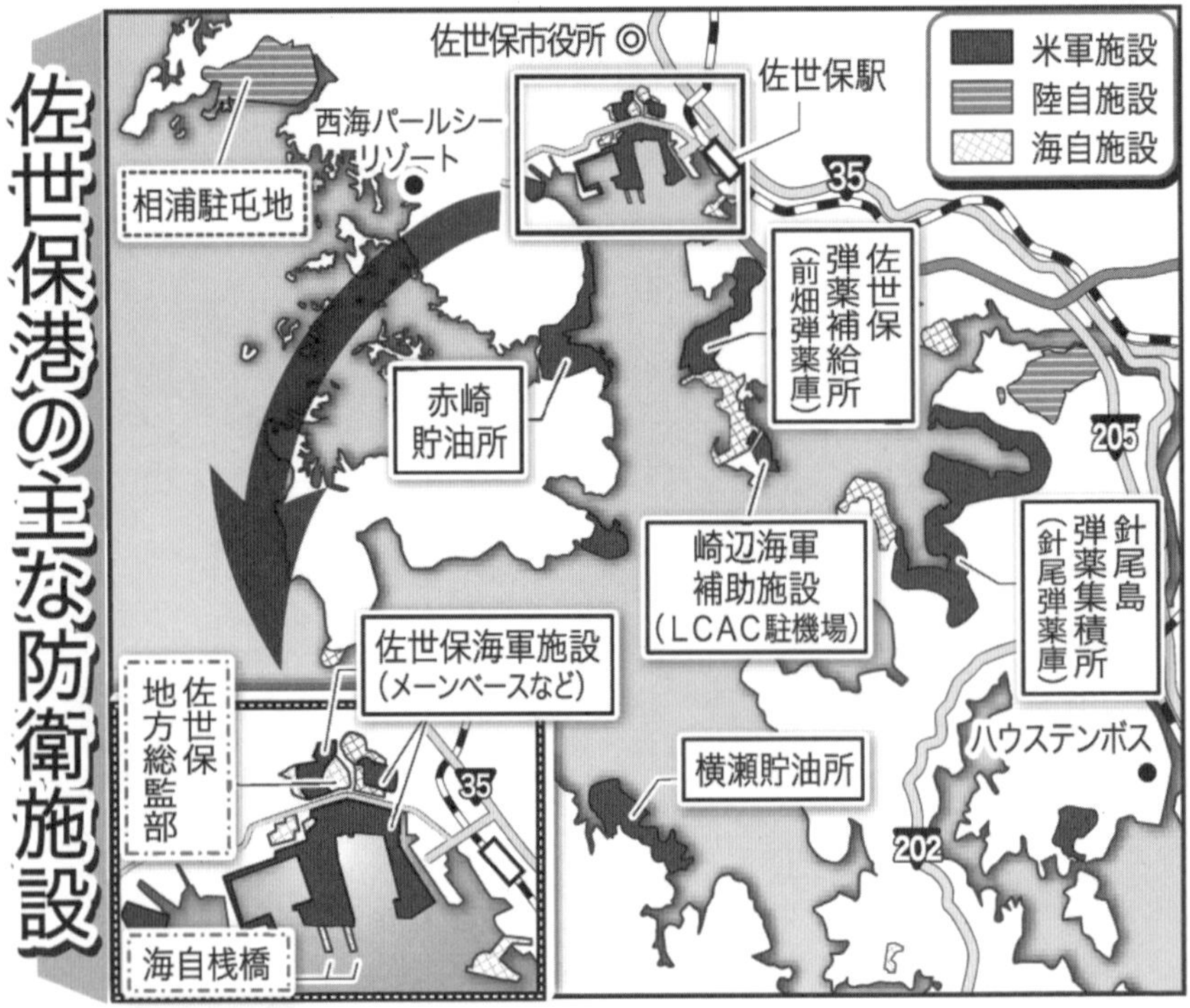

佐世保港の主な防衛施設

米海軍と海上自衛隊、旧海軍工廠《こうしょう》を起源とする造船企業、佐世保重工業（ＳＳＫ）などの民間が混在する状況になった。

佐世保市は終戦後、いったん貿易港として再生を図る青写真を描いたが、直後に朝鮮戦争が勃発する。米軍の軍事拠点となり「米軍特需」に沸く一方で、貿易港をめざす気概はかすんだ。だが70年以降、米軍の極東基地縮小により軍需は急減した。

地域経済の立て直しを迫られた佐世保市は71年、国に返還6項目の要望を始めた。75年、米軍は佐世保基地の大幅縮小を市に通知してきた。翌76年には基地施設の大規模な返還が実施され、佐世保基地は弾薬廠に縮小された。

ところが5年もたたずに方針は変わり、1980年に佐世保基地が復活する。配備艦船が順次増加し、米軍住宅不足が深刻化したことから提供施設は再び拡大に向かった。返還6項目は20数年間、大部分が大きな進展を見せず宙に浮くことになった。

佐世保は戦後、民間経済の活性化による「自立」を何度か模索したが、米軍、ひいては日本政府の都合に翻弄され、結局軍需依存を脱することなく今に至った。ただ、それが市民の望まない結果だったとは言い切れない。

佐世保商工会議所の前田一彦会頭（78歳）は「港の使いにくさは何とかしなければならない。ただ米軍から施設の返還を受けても経済効果があるかどうか分からないが、米軍の今の経済効果は大きい」と話す。

返還6項目

佐世保港に分散している米軍施設の返還を受け、海上自衛隊施設を整理統合、佐世保重工業を中心に港の民間活用を図ろうと、佐世保市が用地や岸壁、制限水域返還を国に求めてきた。1998年、現実的な「新返還6項目」に見直した後、一定の進展を見せている。

佐世保市崎辺地区

12 返還地、米軍に再提供

佐世保港東南部の佐世保市崎辺地区に米海軍エアクッション型揚陸艇《ようりくてい》（ＬＣＡＣ）駐機場がある。北東の対岸、佐世保市東浜町などには住宅地が広がる。東浜町の主婦（59歳）は、「ＬＣＡＣが動いているときは窓を開けているとテレビの音が聞こえない。でももう慣れたし、あきらめもある。新しい駐機場もできる」と、駐機場を見下ろす自宅で話した。

１９９４年、佐世保港で正体不明の騒音問題が持ち上がった。原因は揚陸艇のエンジン音だった。佐世保市は米海軍に運用中止を求めたが、この時期から崎辺《さきべ》東岸が駐機場として使用され始めた。佐世保市の記録では96年、東浜町で93デシベルの騒音を測定した。

騒音問題を受け防衛庁は、港内での移転を模索する。98年、隣の西彼西海町（現西海市）にある米海軍横瀬貯油所に白羽の矢が立った。騒音などへの懸念から反対運動が起きたが、西彼西海町は99年、揚陸艇施設の受け入れを表明した。

朝長《ともなが》則男佐世保市長は崎辺を「佐世保港の防衛施設と民間施設の混在を象徴する縮図」と形容し

ＬＣＡＣ駐機場（右端）がある崎辺地区。米軍、自衛隊、民間の各施設が混在している＝佐世保市

ている。

崎辺は、旧日本海軍が飛行場をつくるため、島をつないで埋め立てた人工の半島である。戦後米軍が接収し、１９６１年に西岸の一部が返還され、海上自衛隊施設になった。米軍は残った地域を物資集積所やゴルフ場として使っていた。

73年、市を挙げての崎辺返還運動が巻き起こる。地元造船企業、佐世保重工業が大型船建造に対応する１００万トンドックの崎辺建設を要望したからだ。佐世保市は長崎県、経済界などと猛烈な陳情攻勢を国にかけ、74年に返還が実現する。

ところが石油ショックで佐世保重工業の１００万トンドック計画は頓挫する。83年、米海軍が崎辺再使用の意向を佐世保市に伝えた。佐世保市は難色を示したが、交渉の末、最終的に東側半分が86年に引き渡された。返還用地の米軍への再提供は全国初だった。海上自衛隊と米軍に挟まれた突端は、今も佐世保重工業が所有している。

横瀬の新駐機場は2012年3月までに完成予定だが、その後返還されるかどうかは白紙の状態となっている。佐世保市側は米軍から返還を受け、海上自衛隊施設を崎辺に集約することで、港の軍民「すみ分け」を次の段階に進めようと、09年から国への要望を開始した。

2010年11月には、防衛省が新しい「防衛計画の大綱」に海自潜水艦部隊の増強を盛り込む方針を決めたことを受け、朝長市長が崎辺に新たな潜水艦部隊を受け入れたいと国に要望した。崎辺の海自による活用の具体化とともに、誘致による経済効果も目的だと説明している。

崎辺の経緯と現状は、40年近く費やしてもなお道半ばにある「すみ分け」問題の複雑さ、困難さも「象徴」しているかのようだ。

エアクッション型揚陸艇（LCAC） 米軍の揚陸作戦などで使用される水陸両用のホーバークラフト型揚陸艇。有事の際、沖縄の米海兵隊を運ぶ佐世保配備の揚陸艦隊に搭載される。崎辺には最大7隻が駐機され、日常的にエンジンテストや陸上、海上移動を繰り返している。

佐世保地区労働組合会議（佐世保地区労）

13 反基地60年、転機に期待

「反戦平和の戦いを貫く」――２００９年11月、佐世保市で開かれた佐世保地区労働組合会議の60周年記念祝賀会。10月に就任した土井憲治議長（58歳）が決意を述べた。

米海軍佐世保基地を抱える佐世保市では戦後、おおむね保守系の政治勢力が市政を主導してきた。国策に直結する街で、自民党政権との協調関係をてこに「基地の見返りとして地域振興策や地元の要望を実現してきた」（地元経済関係者のひとり）。これが〝基本姿勢〟だった。

その一方で、佐世保は革新系にとっても〝聖地〟のような存在といえる。

１９６０年から70年の安保闘争、ベトナム反戦運動を背景に、64年の米原子力潜水艦シードラゴン国内初寄港、68年の米原子力空母エンタープライズ寄港時の反対闘争は全国に波紋を広げた。地元選出で１９５５年から90年に衆院議員を務めた石橋政嗣氏は、旧社会党委員長まで上り詰めた。

佐世保地区労はその石橋氏らが結成し、シードラゴン、エンタープライズ寄港の際には全国を巻き込んだ反対運動を繰り広げた。１９８９年の連合結成で労組連合組織の統一が図られて以後、全

米原子力空母寄港を受け、佐世保地区労などが実施したデモ行進＝2009年２月、佐世保市常盤町

国各地の地区労は消えつつあるが、佐世保地区労は反基地の旗印として存続した。今も、原子力空母寄港時には社民党などと連携して現地闘争本部を設け、デモ行進などを展開している。

保守支持層が多数派の一方、革新系も一定勢力を維持する。

こうした佐世保の政治風土を、元佐世保地区労事務局長で元社民党衆院議員の今川正美氏（62歳）は、「安保・基地問題が、佐世保では『今ある問題』だからだ」と読み解く。

さらに「『基地はないに越したことはない』というのが佐世保の多数派だろう。（佐世保の）自衛官の中にも『戦争に行きたくない』という声はある」と語る。

今川氏は安保が身近に迫る地域で、際限のない形で基地や軍事が容認されることにブレーキをかけ、バランスを取る役割が反基地運動に期待されてきた、とみる。

全国的に指摘される労働組合の組織力低下は、佐世保地区労も例外ではない。数年前まで20を超えていた佐世保地区労の加盟労組は17に減少している。半面、２００９年の政権交代では社民党と連立を組んだ民主党政権が誕生した。

土井議長は「日米関係の転機になるとの期待はある。だからこそ今までと変わることなく、反基地を訴えていく」と話す。

佐世保地区労　１９４９年11月結成。社会党を支持する旧総評系組合の連合組織として反基地、反安保運動を展開する。連合結成後も旧総評系労組が中心。組合員数は１９５０年代の最多時で約１万１千人、２０１０年１月現在約２８００人。

南北で違う平和観

14

届かない「反核」の願い

8月9日午前11時2分。長崎市は毎年この時刻になると、祈りに包まれる。原爆投下から64回目の夏を迎えた2009年も、サイレンと教会の鐘の音が響き、犠牲者に黙とうをささげる市民の姿が街中で見られた。

一方、佐世保市内でもサイレンは鳴ったが、気に留める市民は少なかった。

長崎市は鎖国時代、海外交易港として発展したが、原爆で廃虚と化し、そこから復興を果たした。それだけに核兵器廃絶や平和を希求する思いは強い。09年10月、田上富久長崎市長が秋葉忠利広島市長と2020年夏季五輪の招致検討を表明したのも、核廃絶の国際的な機運を高める狙いがあった。

かたや佐世保市は明治時代になって寒村から軍都に急成長し、戦後は米軍が駐留、自衛隊とともに社会に根付いた。同じ県でも、両市の成り立ちや性格は大きく異なる。

基地の町での日常の光景が被爆地では違って映る。

被爆者らが毎月９日に行う「反核９の日座り込み」。2010年11月に350回に達した
=2009年４月９日、長崎市の平和公園

「入港強行は市民感情を逆なでする」

核保有国の米国の軍艦が長崎に寄港するたび、県知事や長崎市長は事前に外務省を通じて回避を求める。被爆者や労働団体は「港の軍事利用反対」とシュプレヒコールを浴びせる。矛先は自衛隊の艦艇にも向けられる。

こうした反応を「理想論」と受け止める佐世保市民は少なくない。むしろ、基地と共存共生する「現実」の否定につながりかねず、核抑止力を容認する声も漏れ聞こえる。

核廃絶を目指す非政府組織（ＮＧＯ）平和市長会議には、広島県の全市町をはじめ、米軍厚木基地のある神奈川県大和市や米軍普天間飛行場を抱える沖縄県宜野湾市も名を連ねる。長崎県でもほとんどの市町が加盟したが、佐世保市は未加盟である。

原水爆禁止日本国民会議（原水禁）の川野浩一議長（70歳）は09年7月、佐世保市に「県内一体となって行動すれば（核廃絶の）力が倍加する」と加盟を申し入れた。

だが朝長則男市長は、佐世保市がすでに平和都市宣言で核兵器の究極的な廃止を求めたとして、「本市では『平和の定義は核廃絶ばかりでなく、もっと広義に解釈すべき』との考えもあり、加盟について合意形成ができていない」と強調する。

川野議長は5歳のとき、長崎市内で被爆した。長崎県職員組合や連合長崎のトップを歴任し、長崎県の平和運動を長年引っ張ってきたが、「南（長崎）北（佐世保）の間の亀裂を超えられない」と、もどかしさをぬぐえずにいる。

平和市長会議　１９８２年に国連本部で開催された軍縮特別総会で、荒木武広島市長が核兵器廃絶に向け都市連帯推進計画を提唱し、広島、長崎両市が世界各国の市長に賛同を呼びかけた。２０１０年10月現在、１４４カ国・地域の４２０７都市が加盟している。

Ⅱ章　基地経済がもたらすもの

佐世保バーガー

15

食・街並み、観光資源化

米海軍佐世保基地のメーンゲートにつながる佐世保市の国際通りに、「佐世保バーガー」の専門店ログキットはある。滋賀県から来た男性客7人は、運ばれてきた直径15センチのスペシャルバーガーの迫力に目を丸くし、かぶりついた。

「ベトナム戦争中は店を貸し切るほど米兵であふれた。今は日本人客が断然多いけど……」と、創業から約40年の歩みを丸田伸代オーナー（60歳）は懐かしむ。具だくさんのバーガーを押しつぶして食べるのも米軍仕込み。「家族ぐるみで付き合う米兵もいる。基地は私の生活の一部なの」とも語る。

戦後、市民が米兵にレシピを教わった「バーガー伝来の地」――佐世保観光コンベンション協会は、佐世保をこのようにＰＲする。２００１年作製の店舗ガイドマップが評判を呼び、全国メディアで広がった。04年の販売数は推定１８０万個、01年と比べ６倍に増えた。これをもとに民間シン

アメリカの雰囲気が漂う店内で、佐世保バーガーを味わう観光客＝佐世保市矢岳町、ログキット

クタンク、長崎経済研究所が試算した売上高は約12億円になる。1店当たりでは約6千万円と、ある大手チェーンをしのいだ数字となった。

バーガーに象徴されるのはアメリカの陽気なイメージだ。しかし佐世保観光コンベンション協会前理事長の本田克彦氏（69歳）は「もともと観光業界にとって基地の存在はマイナスだった」と、自身が市役所で基地対策や観光を担当していた10年以上前を顧みる。

佐世保は基地が港側に集中し、沖縄のように街の真ん中で航空機が騒音をまき散らすことはない。市民が日常生活で負担を意識することは少なく、本田氏は「われわれが基地を魅力ととらえ直しても、抵抗なく受け入れられた」と言う。

基地内には赤れんが倉庫群など明治時代の遺構が残る。佐世保観光コンベンション協会は08年、これらを巡るツアーを始めた。米軍の警備上、月1回、定員20人に制約されたが、インターネットによる募集でほぼ毎回抽選になるほどの人気だ。

米軍は市民の理解を深め、安定駐留につなげる意図から、こうした団体や市民の企画に協力的だ。人口減少や不況の波にさらされる街には〝軍隊をも売り出す〟したたかさがある。

佐世保バーガー

人気の上昇とともに全国に店が増えたため、本場の味を守ろうと佐世保観光コンベンション協会は２００５年、認定制度を導入した。「地元食材を使う」「作り置きしない」といった条件をクリアした店が認定されている。

基地あっての街

16 ツアー・YOKOSUKA軍港めぐり

「ものすごくおいしい」

２００９年11月、米海軍横須賀基地正門脇のビルの一室でのこと。報道陣を前にチーズケーキをほお張るパフォーマンスで、吉田雄人横須賀市長とダニエル・ウィード基地司令官は親密ぶりをみせつけた。

国内の米軍基地で、初めて入門パスなしで一般市民が自由に出入りできる「日米文化交流センター」の開設式でのことだった。新たな交流拠点の誕生を祝う席上、吉田市長はウィード司令官から「友好の象徴」として、「ニューヨークスタイル・チーズケーキ」のレシピを手渡された。

日米の友好をアピールしたい米海軍と、基地を生かした観光振興に期待を寄せる横須賀市。このケーキには、そんな双方の思惑が込められていた。両者には、すでに成功体験もあった。

「ネーミングもいいし、街の雰囲気に合っている」

基地近くで飲食店「ＴＳＵＮＡＭＩ」を経営する飯田茂さん（56歳）は、「ヨコスカ・ネイビー

米海軍横須賀基地からレシピが提供されたニューヨークスタイル・チーズケーキを試食し、絶賛する吉田市長（左）とウィード司令官＝2009年11月、日米文化交流センター

バーガー」について満足げに話す。

チーズケーキと同じく米海軍からレシピの提供を受け、２００９年１月から基地周辺で販売が始まった。オープンキッチンで焼き上げられる肉厚のハンバーグの香ばしいにおいに誘われるように、週末は観光客らでいつも満席だ。30分待ちは当たり前の状態。売り上げは従来の3倍に伸びた。

当初の4店舗から、わずか半年余りで13店舗にまで広がった。大手コンビニ各社による商品化の申し入れは、ご当地グルメの商品価値を維持するため、横須賀市がすべて断っている。

横須賀市内ではここ数年、基地を活用した観光の目玉が相次いで誕生している。日米の艦船や潜水艦が並ぶ横須賀港を航行する「ＹＯＫＯＳＵＫＡ軍港めぐり」も、その一つといえる。

海運会社「トライアングル」が08年9月、1日4便の定期運航を始めた。50社以上の旅行会社がツアーを組み、年間約10万人が訪れる人気クルーズに成長した。泉谷博道社長（56歳）は「米海軍と海上自衛隊の艦船を一度に見られるのはここだけ」と胸を張る。盛況ぶりを表すように社員数も10人から20人に倍増した。

定期運航化までには実に10年を要した。航路は日米安保条約に基づく一般船舶の航行が禁止されている制限水域となっており、これまで安全面を理由に「門前払い」だった。米海軍の対応に変化が見られるようになったのは06年ごろのこと。原子力空母の配備が明らかになり、市民の不安が高まっていた時期と重なる。

基地負担が増す一方、経済的な関係は深化しようとしている。「ＴＳＵＮＡＭＩ」を経営する飯田さんは、「世の中が変わっても基地がある現実は変わらない。ここは基地あっての街だよ」と言う。

日米文化交流センター

米海軍が一般市民との交流を目的に横須賀基地正面脇の事務所を改装して新設した。広さ約50平方メートル。基地内の行事や日米文化を紹介するコーナーがあるほか、これまでに折り紙、英会話教室などが開かれた。利用料は無料で、事前申請も不要である。開館は平日午後1時から6時まで。

米軍人向け賃貸住宅

17 米軍方針に振り回される不動産業

沖縄本島中部の西海岸に、欧米風の白塗りの壁やれんがを使ったおしゃれな家屋が軒を連ねる。外国の街並みを再現したかのような住宅街の空き家には、「FOR　RENT」（入居者募集）の看板。基地外に居住を希望する米軍人・軍属者を対象にした民間経営の物件だ。

米軍嘉手納基地に勤める陸軍兵の夫と、北谷《ちゃたん》町内で家賃21万円の一戸建てに暮らす女性は、「米軍人向け住宅はどれもぜいたく。皆、住宅手当上限で好条件の物件を探す」と話す。

在沖米軍によると、沖縄県内で米軍人・軍属が入居している基地外の住宅は、5828戸（2010年1月25日現在）である。地元の相場より高い家賃が見込める米軍相手の物件は北谷町だけで2006年から08年までに約3割増の1644戸（北谷町調べ）と林立し、競争は激しさを増している。

不動産業者らによると、階級に応じて米軍から基地外居住の米軍人・軍属に支払われる月額16万円から27万円程度の住宅手当に合わせ、家賃は単身者でも平均15万円から20万円台になっている。

米軍人・軍属者向けに貸し出されている家が集まる住宅街。正面のマンションの向こうには海が広がる＝北谷町

階級が高い軍人・軍属や夫婦ともに軍関係者の場合、30～40万円台の物件まで借り手がいるという。

北谷町内で20年以上米軍人向け物件を扱う不動産業の男性は、「米軍相手の住宅にかかわるのは不動産業以外に建設業、改装業など幅広い。大企業や産業が少ない沖縄で、基地経済の恩恵は明らかだ」と強調する。

しかし、安定した高額の賃料収入を強みとする米軍向けの不動産業界に、「逆風」も吹き始めた。

これまで上官の許可を得れば基地外居住は自由だったが、２００９年7月、米軍は経費削減を目的に、家族連れで赴任してくる軍人に基地内住宅への入居を義務づける方針を発表した。

在日米軍再編で在沖海兵隊８千人（家族を

含め1万7千人）のグアムへの移転が合意されたことも相まって、業界が恐れる「供給過剰」は現実味を帯びつつある。

地元の不動産や建設業者への説明会で嘉手納基地施設群のスコット・ジャービス司令官は、基地内より3倍から5倍経費がかかる基地外居住のコスト削減の必要性を説明した。基地外居住者はゼロにはならないとしたが、「不動産業はリスクを伴うビジネス。需要と供給のバランスを見て、方向転換を考えるのもいいのではないか」との見解も示した。

会員1200社を擁する沖縄県宅地建物取引業協会の徳嶺春樹会長は「米軍や国の方針に県民も経済も振り回されている。長期的な経営戦略が描けない」と不安を隠さない。

一大ビジネスに成長した業界は、先行きが見えない暗雲に包まれている。

米軍人の基地内居住方針

在沖米軍は09年7月、米国国防総省全体の経費節減策として、8月以降沖縄に配属される家族連れの軍人に基地内居住を義務づける方針を発表した。基地内に8千余りある住宅の入居率が95％まで達した後は選択肢を与えるとしている。

ゲート通り・佐世保

18 「朝鮮特需」に沸いた日は遠く

米海軍佐世保基地の近く、佐世保市中心部の外国人バー街に半世紀近く続く老舗「ＳＵＮＮＹ ＢＡＲ」がある。

「十数年前は一晩で10万円以上稼いだが、今は2万円いったらうれしいくらい。最近は日本人客だけ数人という夜もある」

20年ほど働いているという40代の女性店員は、こう言ってたばこに火を付けた。

佐世保の外国人バー街が最もにぎわったのは、１９５０年代初めの朝鮮戦争当時だ。佐世保の街は「朝鮮特需」に沸いた。

「バー街は真っ白なセーラー服を着た米兵でいっぱい。若い米兵は『明日朝鮮に行く。お金はいらない』と有り金をはたいて飲んでいた」

１９５１年から外国人バーでドラム奏者をしていた中村恭敬氏（78歳）は、このように当時を懐かしむ。

外国人バーの壁や天井に張られた無数のドル紙幣。米兵が立ち寄った思い出に店に残していった＝佐世保市常盤町

特需は旧日本海軍の解体後、衰退を余儀なくされていた佐世保経済を急速な復活に導いた。米国に対する敗戦がもたらした危機を、米国の戦争が救った皮肉な成り行きだった。そのころ１００軒を超えたとされる外国人バーは、今は二十数軒。中村氏は「当時を思い出し寂しくなってしまうから、外国人バーで飲むことはない」と肩を落とした。

米兵の消費行動も様変わりした。女性店員は「前は午前3時くらいまで飲んでいたが、今は外出制限がある。若いのは午後11時くらいから帰り始め、将校が午前1時くらい」と証言する。

佐世保基地に所属する水兵（22歳）は「外国人バーに行くのは2週間に1回くらい。円高になる前は週2回は行っていた。買い物も外と比べて物価が30％ほど安いから、たいていは基地内」と話す。

佐世保基地や佐世保市は、佐世保における「米軍需要」の存在感を強調する。フランシス・マーティン司令官は「基地には約6千人の軍人家族が生活し、基地は佐世保の経済に貢献している」と胸を張る。

しかし、長期的不況にあえぐ市民が米軍の経済的〝恩恵〟を実感することは少ないようだ。中心部の商店主（60歳）は「空母が入ったときはいくらか買い物もあるが、今は経済効果はあまり感じられない」と語る。それでも、基地を突き放す気にはなれない。

さらに「佐世保は基地から離れられない。市民も米軍に違和感はないし、基地の街として共存していくしかない」と続けた。

朝鮮特需　朝鮮戦争当時、連合国軍は佐世保を補給、出撃拠点に利用した。佐世保重工業（ＳＳＫ）は米艦船の修理を請け負い経営難を脱した。佐世保市内の酒類販売量なども急増し、佐世保市によると市税収入は１９５０年度～53年度急速に増加し、歳入総額も年２割～３割の伸びを示した。

ゲート通り・コザ

19

基地のまちおこし、手探り続く

ベトナム戦争開戦後の１９６０年代、米空軍嘉手納基地に隣接する沖縄本島中部のコザ市（現・沖縄市）。戦地へ向かう不安を紛らわそうと若い米兵は強い刺激を求め、市内に約６００軒が並んだバーやキャバレーに繰り出した。

高額の戦地手当が各店に流れ、１カ月で家が建つほどのドルが集まる「特需」だった。特に人気を集めたロックは、歓楽街で育った若者が演奏し、狂乱するビートで兵士は戦場の恐怖を忘れようとした。

沖縄は戦後、日本から切り離され、米軍が支配する〝孤島〟だった。基地の街に息づいたロックは、「反基地」を訴えた当時の日本復帰運動とは対局にあった。コザロック創始者のひとり、喜屋武幸雄さん（68歳）は「儲かりはしたが、住民とのトラブルが絶えない米兵相手の商売は軽蔑され、バンドマンは犬、猫以下と言われた」と振り返る。

ミュージックタウンの前で、沖縄ロックと基地について語る宮永英一さん
＝沖縄市

いま、当時の活気はない。行政は「基地経済からの脱却」を打ち出し、ネオン街は地元住民を相手にした商業地に変わった。

バブルがはじけ商店街はさびれた。日本各地で村おこしがブームになると、沖縄市はかつてドルを降らせた「音楽」で地域の活性化を目指すことにした。

過重な基地負担の見返りとして、９割の事業費を国が補助する沖縄米軍基地所在市町村活性化特別事業（島田懇談会事業）に目をつけた沖縄市は、それまで予算不足で着手できなかった中心地再開発を「音楽によるまちづくり」の名目で推進した。

「島懇事業費」など約30億円を投入し、２００７年に完成した「ミュージックタウン（ＭＴ）」は地上９階建て、最新の音響を備えたホールや店舗を備える。

歩けば音楽が聞こえる街――ジャズで有名なアメリカ・ニューオーリンズのような復興を夢見ていた。

しかし建物への店舗誘致に地権者の意向が強く反映され、結局は居酒屋やカラオケ店などが入居した。周辺商業地の波及効果も期待を下回るなど、かつてのような「音楽」は響いていない。「ミュージシャンのいない建物。音楽を再開発のダシに使われただけ」と、沖縄県ロック協会の宮永英一会長は不満を漏らす。

沖縄市の完全失業率は13・7％。失業率が全国最悪と言われる沖縄県内でも、市町村ワースト5に迫る。

市街地活性化を担うＮＰＯ法人コザまち社中の照屋幹夫代表は「基地文化も商業も単体では活性化しない。街の個性を一つに合わせ新しい魅力を打ち出すしかない」と語る。

基地の街のまちおこしは手探りのまま、続いている。

沖縄市　１９７４年に旧コザ市と旧美里村が合併して誕生した。人口13万4千人。４９００ヘクタールの市の面積のうち、36％を嘉手納飛行場などの基地が占める。

20 ゲート通り・横須賀

〝アメリカに一番近い街〟のジレンマ

米海軍横須賀基地前から国道16号沿いの裏通りは、通称「どぶ板通り」（横須賀市本町）と呼ばれている。若者向けの服飾・雑貨店やミリタリーショップ、外国人向けのバーなどが軒を連ね、異国情緒漂う繁華街だ。

「あそこには行っちゃいけない、と親から言われていた」――本町商店会の越川昌光会長（62歳）は往時を振り返る。

かつてのどぶ板通りは、米兵相手のバーやキャバレー、土産物屋が立ち並ぶ「米兵の街」だった。1950年に始まった朝鮮戦争特需に沸いた。以降、英語の看板にネオンがともると、米兵らで通りはあふれた。当時、「パンパン」と呼ばれる売春婦が店の前に立つようになり、米兵の食い逃げや小競り合いも相次いだ。

創業63年を迎える、背中に大型で派手な刺繍を施した「スカジャン（横須賀ジャンパー）」専門店を営む渡辺栄子さん（59歳）は、「キャバレーは宝塚のようだった」と懐かしむ。大型艦船が入れ

空母などが帰港すると、にぎわいをみせる夜のどぶ板通り。見回りをする軍警察の姿も目立つ＝横須賀市本町

ば数千万円の金が落ち、石油缶にドル紙幣があふれる店もあったという。

　そんな活況も、1975年にベトナム戦争が終わると一変した。ドル安が進み、米兵の財布のひもは固くなった。かつての面影は薄れていった。

　あれから35年が過ぎ、行き交う米兵は減った。

　一方で、日米が融合した独特の雰囲気に誘われ、神奈川県内外から観光客が訪れている。日本人向けの店が増え、若者をターゲットにした美容院なども目立つようになった。空き店舗が出ても、すぐに新たな出店が決まっていく。

ただ、昼とは逆に、夜はなお米兵頼みの店が多い。米兵向けのバーを経営する露木良昭さん（68歳）は、「客足は増えないが、今更日本人好みに変えるのは難しい。これだけ年を取っちゃうと、そんな気力もない」と話す。

週末には電車を乗り継ぎ、東京や横浜に繰り出す米兵も少なくない。２００６年と２００８年に、酒に酔った米兵による強盗殺人事件が横須賀市内で続発し、米海軍が深夜の飲酒規制と、軍警察による見回りを強化したことも拍車をかけた。

飲食店で組織する横須賀ソシャルサロン協会の直井陽樹会長（72歳）は、「米兵が規則を破って飲酒すれば、店側も責任を問われる。この辺りは今も米国の管理下のようだ」とまゆをひそめる。

昔に比べれば、米兵への依存度は低くなった。とはいえ、どぶ板通りの魅力を保つには基地との共存が欠かせない。越川本町商店会会長は、「基地の存在を否定することはできない。ここは〝アメリカに一番近い街〟。これからも友好関係を大事にしたい」と言う。

ジレンマを抱えながら「自立」への模索が続いている。

どぶ板通り　全長約２００メートルの商店街。現在は米兵向けのバーなどを含め１２０店から１３０店が軒を連ねる。戦前、通り中央に流れていたドブ川に板を敷いて通行していたことが名前の由来。スカジャン発祥の地でも知られる。年４回のフリーマーケット「どぶ板バザール」は多くの観光客でにぎわう。

米海軍上瀬谷通信施設

21 返還の条件に苦悩、ウドの街の模索

横浜市内ではあまり見られなくなった広大な畑作地帯が、米海軍上瀬谷《かみせや》通信施設（横浜市瀬谷、旭区）区域内に広がっている。出入りを認められた地権者が農業を行う民有地の一角に、秋山正一さん（66歳）の仕事場がある。

丘陵地の壁面に造られた扉から中に入ると、薄暗いトンネル状の空間。「防空壕みたいでしょ」と言う秋山さん。室《むろ》と呼ばれるウド栽培室の地面からは、複数の根株から白い茎が生えていた。戦後、この周辺で特産物となったウドは、米軍の強い影響下にあった地域史の〝語り部〟でもある。

上瀬谷通信施設の任務は、旧ソ連などの軍事用電波の傍受だった。施設周辺では受信の障害を避けるため、1960年代から建築物の高さ規制など生活上の制限が課された。

元県議の中尾安治さん（82歳）は、「畑でも鉄がついた鍬《くわ》が使えず、極めて過酷だった」と振り返る。そんな制限下でも、もともと地下室で育てるウドは栽培可能な数少ない作物だった。

室の中で育つウド。「相模ウド」の名前でも知られている＝横浜市瀬谷区側の上瀬谷通信施設

１９７７年、住民の耕作権がある土地約１０７ヘクタールが払い下げられ民有地となった。しかし国は、大規模な農地を農業振興に利用するよう農業振興法で定めており、横浜市は民有地のほぼ全域を農業以外の利用を制限する農用地区域に定めた。土地は住民の元に返ってきたが、建物を建てることも売ることも制限された。

冷戦終結と衛星通信の普及で２００４年に上瀬谷通信施設の返還が決まったが、地権者の思いは複雑だ。農業だけでは生活できないためだ。

近くに住む大塚源次郎さん（90歳）は、「農業しかできないまま返還されても困る」と当惑する。米軍からの土地使用料や副業で収入を補う地権者は多いが、横浜市側は「農振法による条件を満たさなければ用途指定は外せない」と説明する。

地元選出の県議は、「農業や緑を守るだけでなく、権利を制限され続けた地権者も守るべきだ」と訴える。地元では、横浜市基地対策課や有識者を交えて、返還後の土地利用をめぐる議論が始まっている。ただ地権者は瀬谷、旭区合わせて約250人おり、「考えはさまざま」（前出の県議）だ。合意形成は容易ではない。

上瀬谷農業専用地区協議会の岩崎克夫会長は、「返還後に向けて意見をまとめたい。一つひとつ進めるしかない」と力を込める。

接収から半世紀を経てようやく迎えた転機である。ウド産地として知られた農のまちが、将来像をどう描くか、模索が続く。

上瀬谷通信施設　土地面積約242ヘクタールのうち、国有地は約109ヘクタール、民有地は約110ヘクタール。米海軍厚木航空施設司令部が管理し、従業員数は11人（2010年10月現在）。傍受用アンテナは撤去され、事務所などが残る。返還後、横浜市は農業や広域防災拠点としての利用をめざす。

沖縄振興「島懇事業」

22 「ハコ物」維持で財政圧迫

米軍基地が集中する沖縄本島中部に「うるま市」が誕生したのは２００５年4月。沖縄県内初の「平成の大合併」だった。人口11万5千人余（当時）は県内第3位。まちづくりへの期待は膨らんだが、お祭りムードは長く続かなかった。

合併翌年の06年8月、公共施設の管理についてうるま市幹部の話し合いが持たれた。比嘉毅経済部長は運営費用などの書類を手に「民間に任せた方が効率的」と指摘し、オープン間もない「石川地域活性化センター舞天館」と「いちゅい具志川じんぶん館」で、指定管理者制度を導入する考えを示した。

ＩＴ関連やアニメ制作会社などが入居する両施設は、沖縄米軍基地所在市町村活性化特別事業（島田懇談会事業）を活用して整備された。事業費の負担割合は国9、地方1だが、その1割も地方債を充当すると交付税が措置される。国が「ほぼ丸抱え」する事業だったが、そこには思わぬ落とし穴があった。

島田懇談会事業を活用し、雇用の創出などを目的に建設された「いちゅい具志川じんぶん館」＝うるま市

高額な維持費が財政を圧迫した。入居料や使用料だけでは支出をまかないきれない。舞天館は毎年度1千万円前後、じんぶん館は2千万円前後の赤字を生んだ。うるま市は一般財源から補填していたが、09年度に指定管理へ移行した。

合併前の2市2町は、同じ「島懇事業」を使い、競うように「ハコ物」を造った。可動式舞台が特徴の文化施設「きむたかホール」や、特産品販売所「海の駅あやはし館」を合わせた4施設を引き継いだうるま市は、5年間で3億円余の赤字を一般財源で補填した。

そもそも合併は財政改善を目的にしていた。公共施設を効率的に稼働させ、建設費や維持費を抑制する狙いもあった。しかし、計画性が希薄なまま基地特需に飛びついたため、財政を圧迫する結果を招いてしまった。

「島懇事業」が進んでいた2000年、旧2市の完全失業率は県（9・4％）を上回る10％～11％台で推移していた。雇用対策は今も最重要課題の一つだ。榮野川盛治うるま市副市長は、雇用創出や企業育成が目的の島懇施設について、「入居料を上げ、企業が転出すれば元も子もない」と苦しい胸の内を明かす。

ホワイト・ビーチなど計七つの米軍施設を抱えるうるま市には、島懇事業以外にも防衛省の基地関連補助金などで建てた公共施設が多い。

沖縄国際大学の照屋寛之教授（行政学）は、「沖縄振興は国の基地維持政策とリンクしている。依存体質では自治は育たない。自治体は振興策の活用には慎重に対応すべきだ」と指摘する。

島懇事業　基地所在市町村の閉塞感を解消するための地域活性化事業。沖縄県内の21市町村が活用し、45事業で「ハコ物」などのハード事業を整備、09年度までに836億円が投下された。施設の維持費が自治体に重くのしかかる。

米海軍佐世保基地

23 「共存」の裏で米軍優先

林立するクレーン。岸壁では灰色の艦船と接するように、進水がすみ就航に必要な装備を施す艤《ぎ》装《そう》中の船が並ぶ。

佐世保港では米海軍佐世保基地に隣接し、地場造船の佐世保重工業（ＳＳＫ、本社東京）が操業している。両者は手狭な港の利用をめぐり、摩擦を繰り返してきた経緯がある。

佐世保重工業が新造船の艤装に使用する立神《たてがみ》係船池の第4、5岸壁は、佐世保重工業が使用許可を受けている米軍提供施設で、米側が優先使用権を持つ。２０００年ごろ、艦船入港の増加などから米側が明け渡しを再三要求した。佐世保重工業は「経営に深刻な影響が出る」と、代替地提供などでしのいできた。

政府は解決に向け03年から、立神係船池東隣の平瀬係船池（ジュリエット・ベースン）に約１７０億円かけた代替岸壁整備を開始、10年3月に完成した。04年の日米合意に基づき、今後は立神第4、5岸壁などが返還され、佐世保重工業に払い下げられる見通しとなっている。

米軍艦船と艤装（ぎそう）中の船が岸壁に並ぶ立神係船池＝佐世保港

佐世保重工業の幹部のひとりは「もう明け渡せ、とは言われないだろう」と胸をなでおろす。
一時関係が悪化した米軍も「近年は友好的」だ。ただ制約がなくなるわけではない。立神係船池は全域が米軍の制限水域である。「岸壁が戻っても、水面が使えなくなる不安は残る」と続けた。

一方、米海軍佐世保基地の艦船修理関連の仕事を請け負っている佐世保市の地場企業の間で２０09年夏、ある問題が持ち上がった。
関係者によると、同基地が細分化した工事や業務ごとに入札を実施する現行の部分発注方式から、艦船や工事種別ごとに、複数年にわたる仕事を大企業に丸投げする包括発注への変更を内々に「打診」してきた。包括発注は米側の効率化の一方で、地場企業は受注した大企業の意向次第で仕事が請け負えなくなる恐れがある。

「佐世保の業者は佐世保でしか仕事ができない。死活問題」と危機感を抱いた十数社は、佐世保市も巻き込み水面下で基地側に働きかけた。ほどなく同基地が「相談なしに変更しない」とする書面を出し、一応の解決を見た。

米海軍佐世保基地は取材に対し、「入札制度変更の予定はない」と「打診」の経緯を否定している。この関係者は「米軍も地元との関係を大事にしている」と期待するが、基地側が今後も現行方式を維持する保証はない。

軍民「共存」の裏で、民間の経済活動や地元の事情より米軍の意向が優先される。「ここにいる以上、しょうがない」と、佐世保重工業幹部はあきらめ顔で話す。

佐世保重工業 旧海軍工廠の施設を借り受け1946年設立された佐世保船舶工業が起源。SSKは当時からの略称。1961年に社名変更。タンカーやばら積み船などの新造船建造が主力。2010年3月期（連結）の売上高は636億円。

24　交付金（大和市、綾瀬市）

米軍の行方に左右される市財政

広がる野菜畑を背景に、その威容が際立つ7階建ての神奈川県綾瀬市役所。外壁をシックな褐色であしらい、市内を一望できる回廊まで備えた建物は、洗練された外観に似つかず、電気が切られた廊下やエレベーターホールが少なくない。

「光熱費を少しでも節約しないと……」

昼間でも薄暗い庁舎内を見やり、職員も思わず苦笑いを浮かべる。節電の理由には、米軍基地を抱える自治体特有の懐事情があった。

綾瀬市内東部に横たわる米海軍厚木基地。拠点とする空母艦載機がまき散らす騒音などの負担の「代償」として、綾瀬市は国から基地・調整の2種類の交付金や補助金などを受け取ってきた。2009年度で2種類の交付金合わせて11億1千万円。一般会計当初予算の4％を占め、「重要な安定収入」（市幹部）となっている。

市庁舎は、国の補助金を利用して建てられた公共施設の一つだ。補助金は用途が自治会館や道路

綾瀬市内でも頭一つ抜け出た高さで、町のシンボルとなっている綾瀬市役所庁舎。

舗装などハード面に限られるため、市内で施設やインフラが増加した。膨れ上がった維持費が自治体財政を圧迫するという皮肉な結果まで生み出した。

一方で、交付金の少なさでぼやき節が絶えないのが隣接する大和市だ。滑走路南北のルートが大和市内住宅地の上空に重なるため、騒音被害は相対的に綾瀬市よりも激しい。にもかかわらず、交付金の合計は、綾瀬市の4分の1程度にとどまっており、「同じように騒音に苦しんでいるのに、面積が小さいだけで額が少ない」と訴えている。

「格差」は、市域に占める基地の広さなどに由来する。大和市の基地面積は綾瀬市の約4分の1。算定の対象となる兵舎や格納庫といった施設の多くも綾瀬市側である。大和市は長年、

「実質的な被害に配慮する仕組みに変えるべきだ」と不公平感を募らせてきた。

だが、こんな長年の構図が様変わりする可能性も浮上している。米軍再編で艦載機が２０１４年までに米海兵隊岩国基地（山口県）に移駐することが決定した。それに伴い施設の移転も見込まれるため、将来的に両市の交付金などが大幅に減額される可能性があるためだ。

「依存度が低い分、ダメージは少ないかもしれない」という大和市とは対照的に、綾瀬市には不安が広がる。笠間城治郎市長は「固定収入が大幅に減るのは困る。早く国に説明を求めないと」と話す。

悲願だった騒音解消の実現が、市財政の悪化につながりかねない。移駐後の町の設計図をどう描くのか……。新たな青写真が求められている。

大和市と綾瀬市　神奈川県の県央地区に隣接し、人口と市域に占める基地面積は、大和が22万６千人、４％で、綾瀬が８万３千人、18％。うるささ指数75以上の区域で国が経費負担する防音工事の対象戸数（２００６年１月現在）は、大和が６万世帯に上り、綾瀬の２・７倍になっている。

交付金（沖縄）

25

北部振興策、効果むなしく

「基地と『リンク』しない振興策を考えていく」

国内外から注目を集めた2010年1月の名護市長選挙で、米軍普天間飛行場移設に反対の稲嶺進氏は、空き店舗が目立つ商店街でそう訴え続けた。多くの市民がその訴えを支持した。

稲嶺市長が指摘する「基地とリンクした振興策」とは、1999年に政府が普天間飛行場を受け入れた名護市を含む本島北部一帯の自治体を対象にした「北部振興策」だ。中南部に比べ過疎が進み、振興が遅れている北部の経済基盤整備が目的だ、と政府は説明した。しかし実態は、普天間受け入れの「見返り」であることは明白だった。

当時は10年間で1千億円を拠出する予定だったが、実際は8割弱にとどまった。名護市には約230億円が投入され、多くが「ハコ物」に消えた。

名護市の2005年度の失業率は12・5％で、2000年度より2・5ポイント悪化した。市民1人当たりの年間所得は、1999年度の202万円から2006年度には188万円と14万円も

日中もシャッターが目立つ商店街通り。人通りもまばらだ＝名護市

減った。２０１０年、商店街の空き店舗率は約20%に上がった。
「振興策」の効果を実感する市民は少ない。

普天間移設が浮上した１９９７年前後から名護市の基地関連収入が増加し、２００１年には90億円を超え、歳入全体の３割近くを占めた。国策の「アメ」が、地方自治に染み込んだ。

「過去10年で大施設がどんどん完成するのを見て、名護も発展していると信じていた。しかし、店の売り上げは落ちる一方で地域から人の姿も減った」と振り返る、自営業の山城義和さん（55歳）。地域振興のための基地受け入れは仕方ないと考えていたが、今回の市長選では初めて基地反対の稲嶺氏に投票した。振興の効果を実感できなかったためだ。

新しい市政には「新しい振興策は人材育成など将来につながることに使ってほしい」と期待する。

中部の北谷町で1980年代に返還されたハンビー飛行場（約43ヘクタール）やメイモスカラー射撃場（約23ヘクタール）は、若者が集まる人気の商業地に変身した。北谷町の算出では、ハンビー跡地は1991年から2002年の間に約1700億円、メイモスカラー跡地は1996年から2002年の間に約400億円の経済効果を生んだ。地域事情に違いがあるとはいえ、北谷町の例は基地経済からの脱却が夢物語ではないことを証明した。

基地に頼らない振興策をどう打ち出すかは容易でないが、新生名護市にとって最大の課題といえる。

北部振興策

1999年12月、名護市の米軍普天間飛行場受け入れ表明を受け、10年間で総額1千億円を投じることが閣議決定された。2006年にこの決定は廃止されたが、振興策は地元の要請で継続。期限切れが迫った09年、鳩山政権は当面の継続を決めた。

Ⅲ章　基地あるがゆえに

米兵ひき逃げ事件

26 「公務中」を理由に兵士釈放

病院のベッドで眠る土屋智博君（9歳）の顔の左半分は痛々しく青く腫《は》れ上がり、事故の衝撃を物語っていた。

智博君の通う学童保育から事故の一報を受け、まっしぐらに職場から駆けつけた母親の裕子さん（41歳）は、「『命に別条はない』と聞いて、やっと安心した」と、当時を振り返る。

2005年12月、東京都八王子市の交差点で横断歩道を渡っていた小学3年の男児3人が、信号を無視した米海軍厚木基地（大和、綾瀬市）所属の女性兵士（23歳）の車にはねられた。このうち2人は軽傷だったが、智博君は約20メートルはね飛ばされて鎖骨骨折などの重傷を負い、3カ月の通院を強いられた。

車はそのまま逃走したが、現場から約1キロ離れた路上に停車しているのを八王子署員が発見した。容疑を認めたため、女性兵士を業務上過失傷害などの疑いで逮捕した。本来は捜査員の取り調べを受けるはずが、事態は思わぬ方向に動きだす。数時間後に「公務中」という理由で女性兵士が

智博君ら３人が米海軍の女性兵士の車にはねられた横断歩道。視界をさえぎるものはなく、見通しの良い交差点だ＝八王子市大谷町の国道16号

釈放されたからだ。

根拠は、公務中の米軍人の犯罪の第１次裁判権は米軍にあるとした日米地位協定第17条である。関連の刑事特別法で、公務中の米軍人を逮捕しても米軍に引き渡すよう明記している。

だが、公務かどうかを判断するのはあくまで米側の裁量だ。１９５６年の日米合同委員会では、将校が出席する「公の催し」で酒を飲み、車での帰宅時に事故を起こしても、飲酒が原因でなければ公務にあたると合意したことも米公文書で明らかになっているほどだ。

八王子市の事故の場合、兵士は厚木基地から横田基地（東京都）に向かう途中で、米軍が「公務中」としたため身柄は釈放された。

数週間後、上官らと一緒に土屋さん方を訪れた際、逃げた理由を父親の吉浩さん（45歳）

に問われて、「急いでいた」と答えた女性兵士。畳に正座し、日本語で「もうしわけございませんでした」と涙をこぼした。

だが、子どもに重傷を負わせて逃げるという悪質性とは裏腹に、米海軍は軍法会議を開かず、06年3月に2カ月の減給（1500ドル相当）や執行猶予付きでの降格などの処分を決めた。

吉浩さんは事故以前、日米関係に関心を抱くことがなかったが、今では地位協定の不平等さに疑問を感じる。

「政府は米国の言いなりになるのではなく、協定を変えないといけないはずだ。これが対等な国同士の姿なのか……」

公務中の米軍人の第1次裁判権

日本側が第1次裁判権の放棄を求めることもできるとされているが、「これまでに例はない」（2005年衆議院外務委員会での法務省答弁）という。飲酒をして事故を起こした場合も、公務と判断しうるという日米合同委員会合意については、外務省は「両国間で見直し協議をしている」としている。

27

「地位協定」運用見直し

米兵犯罪、日本側に裁量権なく

2008年3月19日、横須賀市汐入《しおいり》町に止まっていたタクシー内で、首から血を流した男性運転手の遺体が発見された。在日米海軍の対応は、神奈川県警が驚くほど素早かった。車内から米兵名義のクレジットカードが見つかり、「うちの人間がやったと思う」と、20日には日本側に連絡してきた。

22日に脱走兵の身柄を確保すると、当時、在日米海軍のジェームズ・ケリー司令官（少将）は会見まで開いて、捜査への「全面協力」を宣言してみせた。

「（空母の交代に）影響がないことを希望する」

トーマス・シーファー駐日米大使の言葉からは当時、原子力空母ジョージ・ワシントンの配備を間近に控えての「好意的な考慮」がうかがえた。

神奈川県警が逮捕状を取って、米軍側が身柄を即日引き渡したのが4月3日である。遠く離れた米東海岸でジョージ・ワシントンが横須賀に向け、いかりを揚げたのは、その4日後だった。

横須賀市で起きた強盗殺人事件で、県警の身柄引き渡し要請を受けて横須賀署に入る、米兵を乗せた車＝2008年４月３日

米軍が起訴前でも身柄の引き渡しに応じるようになったのは、１９９５年、沖縄県の少女暴行事件がきっかけだった。日米地位協定を盾に米兵容疑者３人を県警に逮捕させず、沖縄県民の激しい怒りを買った。日米両政府は地位協定の運用を見直し、米軍が「好意的な考慮」を払うと定め、批判をかわそうとした。

翌96年、長崎県佐世保市内で米兵が女性ののどを刃物で切り裂き、バッグを奪う強盗殺人未遂事件が発生した。先の合意が初めて適用された。米兵の弁護を担当した徳勝仁弁護士（48歳）は「日米が成果を見せる格好の場となった」と振り返る。

警察庁によると、１９９５年から２００８年、米軍関係者の凶悪事件は１１０

件、逮捕者152人。うち日本が起訴前の引き渡しを求めたのは、横須賀のタクシー強盗殺人など6件、6人にすぎない。

「要請するかしないかは社会的重要性など総合的見地で判断する」というのが外務省の見解である。

しかも2002年の沖縄県うるま市（当時は具志川市）の強姦未遂事件では、米側が要請を受け入れず、その理由も明確にしなかった。事実上、日本に裁量権はない。

運用見直しは2004年にも行われ、警察の取り調べに米軍が同席できるようになった。「日米の捜査協力を強化し、引き渡しが円滑になる」と両政府は強調するが、「容疑者擁護のための監視」とみる向きもある。第三者の同席は日本人容疑者には認められておらず、徳勝仁弁護士の目には、「刑事手続き上は国籍を問わず万人が平等に扱われるべきだ。米兵だけを特別扱いするのは不平等感をぬぐえない」と映った。

佐世保の強盗殺人未遂事件

横須賀配備のフリゲート艦の水兵（20歳）が遊興費目当てに佐世保市内の繁華街で女性を襲い、全治1カ月の重傷を負わせた。発生から3日後の日米合同委員会で、米側が身柄の引き渡しに同意し、翌日、長崎県警が逮捕した。水兵は懲役13年の実刑判決で、横須賀の刑務所に服役した。

日米「共同逮捕」

28 対立から一変、失態隠す

日米による不可解な「共同逮捕」事件が起きたのは2005年のことだ。

6月3日の夜、佐世保市の県道で米海軍佐世保基地所属の上等兵曹（当時39歳）の乗用車が、長崎県内の男性の軽乗用車に衝突した。男性は軽傷を負った。駆け付けた相浦《あいのうら》署員が事情聴取やアルコール検知を求めたが、兵曹は車内に閉じこもって拒否、署側が依頼した佐世保基地の通訳が到着した後、相浦署は業務上過失傷害の現行犯で兵曹を逮捕した。

ところが、事態は予想外の展開を見せる。署員がパトカーに乗せようとすると、通訳と一緒に到着した米軍警察（MP）が「けがをしている。病院に連れて行く」と、手錠をかけられたままの兵曹を強引に連れ去ったのだ。長崎県警側は「公務執行妨害だ」と激しく反発した。

事件からおよそ17時間後、MPに付き添われて兵曹が相浦署に出頭した。すると、相浦署は「日米地位協定に基づく合意事項により米軍と共同で逮捕した」と発表内容を訂正した。さらに、逃走や証拠隠滅の恐れはないとして任意捜査に切り替えるなど態度を一変させた。

上等兵曹を乗せ相浦署に入る米軍車両＝2005年６月３日、佐世保市愛宕町

そもそも日米地位協定に「共同逮捕」の概念はない。当時、長崎県警や政府は「刑事裁判管轄権に関する日米合同委員会の合意事項に基づく措置だ」と説明した。合意事項の第8の1を「共同逮捕」の根拠に位置付けたのだ。

だが、一方の当事者である米軍側にはなぜか、「共同逮捕」の認識は驚くほど薄い。佐世保基地広報は、当時の資料を繰りながら「日米地位協定には『共同逮捕』について明記されていない。あくまで応急処置のために兵曹を基地に連れ帰った」と人道的措置だった点を強調、「長崎県警に第1次逮捕権があった」と主張する。

食い違う日米の見解……。

「米軍の連れ去り行為は主権侵害だ」「米軍に毅然と対処できなかった県警は捜査権を放

棄したに等しい。『共同逮捕』は失態を隠すための後付けの理由だ」——当時、日米双方に批判の矛先が向けられた。「空白の17時間」に水面下で何があったのか。

真相について、ある長崎県警幹部は「現場にいた県警捜査員とMP、どちらも日米地位協定についての認識が欠けていたし、言葉の壁で現場は混乱した。『落としどころ』はあれしかなかった」と多くを語ろうとしない。

米海軍の動向を監視する市民団体「リムピース」の篠崎正人編集委員（62歳）は、「事件は、あいまいさや危うさを内包したまま運用されている日米地位協定そのものの姿を映し出している。決して『終わった事件』ではない」と語った。

刑事裁判管轄権に関する日米合同委員会の合意事項

第8の1は日米両国の法律執行員が米軍人、軍属、家族による犯罪現場にいる場合、米国側の逮捕を原則とし、身柄は最寄りの日本の警察署に連行すると規定している。

米軍大型ヘリ墜落事故

29

米軍占拠、県警の捜査阻む

沖縄本島中部にある米軍キャンプ瑞慶覧《ずけらん》の在沖海兵隊法務部で、法務部長を前に石垣栄一沖縄県警本部捜査1課長（62歳）は、「このままでは県民は納得しない。事故原因の究明のためには機体の検証がぜひ必要だ」とテーブルをたたいて迫った。

前日の2004年8月13日午後2時18分ごろ、米軍普天間飛行場に隣接する宜野湾市の沖縄国際大学に米海兵隊CH53D大型輸送ヘリコプターが墜落炎上した。沖縄県警本部で開かれていた会議で訓示中だった石垣課長は、メモを受け取るなり渋滞の道路を現場に急行した。

民間人に死傷者が出なかったのは奇跡に近い。ヘリが衝突した大学の1号館の壁は黒こげになり、長さ8メートルの回転翼をはじめ、多数の破片などが周辺の民家や道路に飛散した。〝世界一危険〟といわれる普天間の現実をあらためて突きつけられ、沖縄は騒然となった。

沖縄県警はその日のうちに現場検証のための許可状を裁判所から取得した。日米地位協定関連の取り決めや刑事特別法に基づき、翌14日から再三にわたって米軍に協力を求めたが、米側は「上部

ヘリ墜落事故後、沖国大5号館屋上にペイントされた「NO　FLY　ZONE（飛行禁止区域）」の文字。大学に隣接する米軍普天間飛行場の航空機に訴えかける＝宜野湾市

の指示を仰ぐ必要がある」と譲らなかった。

「地元警察が米軍のことに口を出すな」——。うわべは紳士的な対応の裏に、そんな冷ややかな視線を石垣課長は感じたという。

事故直後に米軍は現場一帯を占拠した。沖縄県警の現場検証だけでなく、消防の火災調査もできない状態が続いていた。

対照的に米軍が張り巡らせた立ち入り禁止のテープの内側では、ピザをほおばり、カードゲームに興じる米兵の姿があった。

「大学が占拠された日？　沖縄そのものが占領状態なんだ、ずっと前から」と語る大学教員は、あのときの屈辱感が忘れられないという。

事故から3日後、沖縄県警の検証要求に応じないまま米軍は事故機を現場から回収した。警察や消防、大学の関係者は、その光景を遠巻きに見つめるしかなかった。大学の自治も、日本国の主権も、地位協定の前では力を失っていた。

3年後の07年8月、沖縄県警は航空危険行為処罰法違反の公訴時効を前に、米軍整備士4人を氏名不詳のまま書類送検した。公務中のため日本に裁判権はなく、全員が不起訴処分になった。「法の枠内で県警は最善を尽くした。だが、日米地位協定が変わらなければ限界がある」と、石垣課長は複雑な思いをかみしめる。

沖縄国際大学への米軍ヘリ墜落事故

2004年8月13日にCH53Dヘリが制御を失って沖国大1号館に墜落、炎上した。民間人に死傷者はいなかったが、飛び散った多くの破片や部品が付近の民家や車両を破損した。搭乗していた米兵3人は重軽傷を負った。整備ミスが原因とされる。

●──制限水域

30 壁厚い港の治外法権

いかりを下ろしていたはずの小さな船体が大きく左右に揺れた。

「82番と書かれた米艦船と接触した」

船長が海上における緊急通報用の118番通報をしたのは、事故から約15分後だった。目の前に〝壁〟のようにそびえていた灰色の巨艦は、すでに姿を消した後だった。

米海軍や海上自衛隊の基地、工場が並ぶ横須賀港。2009年2月、航行中の米イージス艦ラッセンと、プレジャーボートが接触する事故が起きた。船舶が多く海難事故が起きやすい海域とされ、1988年7月の海上自衛隊の潜水艦なだしおの衝突事故では30人が命を落とした。今回は幸いボートの乗員らにけが人はなかったが、横須賀海上保安部による捜査はやはり難航した。

「海上保安庁に協力する」――在日米海軍司令部が当初発表したコメントとは裏腹に、許可されたのはラッセンの写真撮影だけだった。損傷部分の実況見分や艦長らの事情聴取には応じず、米海軍が提出した事故報告書も「極めて中途半端」（海上保安庁幹部）な内容にとどまった。

接触事故後、米イージス艦「ラッセン」の甲板上に集まる米海軍関係者＝２００９年２月、横須賀港

壁となったのは、日米地位協定だった。事故後、ラッセンは米艦船以外の立ち入りを禁じている「制限水域」内に進航した。国内法の適用を受けない「治外法権」であり、米側の同意なしに立ち入ることはできなかった。さらに地位協定は、公務中に起きた事故の優先的な刑事裁判権を米軍側に保障することを定めている。

プレジャーボートの船首部分には亀裂が入った。

在日米海軍司令部は、取材に「あらゆる捜査に協力している。賠償として５００万円払った」と回答したが、捜査を指揮した海上保安庁幹部は、「制限水域内まで追えば、米海軍の警備艇が銃口を向けてきても不思議ではない。捜査機関として忸怩《じくじ》たる思いはあるが、従うしかない」と冷めた口ぶりで振り返った。

結局、事故報告書とボート側への聴取などからラッセン側の過失を認定して書類送検したものの、横浜地方検察庁は米軍の公務証明書を受けて不起訴処分にした。

米海軍佐世保基地（長崎県佐世保市）がある佐世保港でも、港則法に基づく水域の約8割が制限水域である。2008年3月、佐世保市内の男性漁業者（56歳）が漁の認められた制限水域内で、円筒型の浮きにカニ捕り用のかごをロープで結んで沈めていた漁具を、米海軍の警備艇に切られるトラブルが起きた。

日米地位協定などに基づく損害賠償制度で国から約4万円の賠償金が支払われたが、米海軍は「不審物だと思い、切った」としか説明しなかった。

佐世保市は制限水域の全面返還を国に要望しているが、米軍進駐後に「海のない港」と形容された状況は変わっていない。

制限水域

日米地位協定に基づき、米軍艦船の使用が優先される提供水域。米軍が管理し、民間船舶が航行する場合は規制や制限が課される。横須賀や佐世保の場合、制限水域は4種類に細分化され、立ち入りや漁業には米軍の許可が必要になる。

31

裁判権放棄①

「密約は今も」――つのる疑念

2006年9月17日。まだ蒸し暑さが残る、日曜日早朝の出来事だった。

前夜から乗務を開始した横浜市磯子区のタクシー運転手、田畑巖さん（当時60歳）は、営業終了まで1時間を切った午前6時ごろに、「もう一働きしよう」と、気乗りはしなかったが、売り上げが芳しくなかったこともあり、米兵らが多く集う横浜市臨海部のライブハウスに向けて、思い切ってハンドルを切った。

事件に巻き込まれたのは、その直後だった。田畑さんによると、ライブハウスから横浜駅東口まで乗せた米兵らは料金を支払わずに逃走した。追いかけると、いきなり殴りつけられた。入れ歯は砕け、鼻の骨を折る重傷を負った。

その10カ月後の07年7月、横浜地方裁判所は傷害の罪で、米海軍横須賀基地の3等兵曹に対し、懲役1年2カ月の実刑判決を言い渡した。田畑さんにとっては、ようやくたどり着いた結末だった。

田畑さんは事件直後、捜査当局が事件化に後ろ向きだったと訴える。実際、田畑さんから事情を

裁判権放棄の「密約」を示す米公文書が発見されたことを受け、記者会見で怒りの声を上げる米兵犯罪の被害者＝2008年10月23日、衆議院議員会館

聴いた弁護士5人が「警察や検事も被害者が厳罰処分を求めているのに、米海軍との示談を熱心に勧めるという不当な態度を取り続けている」として、「速やかな捜査」を求める申し入れ書を提出するという異例の展開をたどった。

神奈川県警は06年10月に書類送検した。横浜地方検察庁が在宅起訴の判断を下したのは、事件から3カ月がたった12月のことだった。

横浜地方検察庁幹部は「捜査上の質問には答えられないが、一般的には起訴している以上、適切に捜査している」とするが、「申し入れがなければ、つぶされていただろう」と話すのは、事件を担当した高橋宏弁護士（51歳）である。さらに「米兵絡みの犯罪の不起訴率は8割から9割にものぼるとされる。被害者をあきらめさせようとするケースも多い」と指摘する。

高橋弁護士は、その背景に「密約」の影響があるとの疑念を抱いている。日米両政府が１９５３年、「重要な案件以外、日本は裁判権を放棄する」ことに合意したとする複数の米公文書が見つかっており、現在も何らかの影響を与えているというわけだ。

２００２年に横須賀市内で米兵から性的暴行を受けたと訴えるオーストラリア人女性のケースでは、不起訴となった米兵の犯行が、その後の民事訴訟で認定される「逆転現象」も起きている。

「密約」について、政府は「合意した事実はない」との立場だ。しかし、在日米軍法務部のデール・ソネンバーグ氏は01年に英国で発行された共著書の中で、密約の存在を認めながら、「日本は了解事項を誠実に実行してきている」と付け加えている。

米軍関係者の裁判権

日米地位協定では、公務外の犯罪は日本が第１次裁判権を持つと定めているが、１９５３年10月28日付の日米合同委員会刑事裁判権分科委員会の議事録を記した米公文書では、日本側代表が「実質的に重要でない案件について、１次裁判権を行使しない」と発言、日米両政府がこの見解に合意したことになっている。安保改定後も引き継がれたとする文書も見つかっている。

裁判権放棄②

32

通達の閲覧、突然禁止に

2009年4月16日、東京地方裁判所522号法廷で、ジャーナリストの斎藤貴男氏は「人権が侵害されている日本の国家主権の実態を明白にする文書を隠蔽《いんぺい》し、国民をだましている」と訴えた。日米両政府は1953年、米兵による事件で重要事犯でなければ日本は第1次裁判権を放棄することを合意していた。法務省は1972年、合意内容を全国の地方検察庁に知らせる通達を盛り込んだ「合衆国軍隊構成員等に対する刑事裁判権関係実務資料」を作成した。それは東京の国会図書館で閲覧可能だった。

ところが、2008年5月に資料の存在が報道で知れ渡ると突然、法務省は国会図書館側に利用制限を申し入れ、翌6月に閲覧禁止になった。国会図書館で閲覧を拒まれた斎藤氏は閲覧禁止の取り消しを求め国を相手に提訴した。

国側は裁判で閲覧禁止の妥当性を主張した。法務省は09年6月の衆議院外務委員会で、「通達は有効」と説明しており、日米間の「密約」は生き続けているともいえる。

米兵事件をめぐる日本側の第１次裁判権放棄に関する「日米密約」について、国会議員と意見を交わす市民団体のメンバー＝衆議院第１議員会館

長崎地方検察庁によると、長崎県内の米軍関係者の起訴率は09年52・６％（起訴10人、不起訴９人）、08年48・４％（起訴15人、不起訴16人）＝公務中の事件は除く。07年以前は「資料を廃棄した」という。

米兵事件を多く担当している佐世保市の徳勝仁弁護士（48歳）は「密約か、慣例というべきかわからないが、日本側が１次裁判権を放棄することはあるのではないかという気はする」と話す。ただ「過去に軽微でも起訴した事例があった」とも振り返る。

２００６年２月、長崎地方検察庁佐世保支部は書類送検されていた当時24歳の米海軍佐世保基地の３曹を、窃盗の罪で起訴した。1月に佐世保市内の大型商業施設でアクセサリー9袋（2835円相当）を万引したのだ。

佐世保市では当時ひったくり、ひき逃げなど米兵事件が相次ぎ、06年に入っての米兵の起訴は、この万引で5件目だった。

4月の長崎地方裁判所佐世保支部での初公判で、裁判官は「（米兵事件が）なぜこんなに頻繁に起きるのか分からない」と異例の苦言を呈し、「（米軍側は）措置を講じないのか。あなたたちが従わないのか」と、被告の3曹を問い詰めた。

徳勝弁護士は当時、「米軍全体の問題なのに、個人を責めるのは行き過ぎだ」と話した。

一方、法務省作成の実務資料を08年に入手し、公表した照屋寛徳衆院議員は、「重要事件を惹起《じやつき》しない限り裁かれない特権意識が、後を絶たない米兵事件の温床になっている」と指摘する。さらに政権交代を機に真相解明の必要性を訴えた。

合衆国軍隊構成員等に対する刑事裁判権関係実務資料

表紙に「秘」と記された全491ページのもの。事件処理の具体的指示が記載され、検察官が参考としている。国会図書館に利用制限を要請した法務省はその後、制限範囲を狭めているが、閲覧再開には至っていない。

刑務所

33 食事格差、塀の中でも〝配慮〟続く

後を絶たない米兵犯罪。更生のため、そして罪を償うため、受刑者となった米兵は、どんな生活を送っているのか――。

全国の在日米軍関係の男性受刑者が集まるのが横須賀刑務支所（横須賀市長瀬）である。指紋認証付きの堅固な二つの鉄扉を抜け、「塀の中」に足を踏み入れた。東京湾に面し、本来なら海の向こうの房総半島まで望める立地。しかし運動場から見えるのは、ぐるりと囲む高さ4メートルの塀だ。横須賀刑務支所の幹部が案内してくれた。

「ほとんど変わらない生活を送っています」

隔離された施設内では米軍関係と一般の受刑者が、混在する形で生活している。「矯正と社会復帰」のため、ともに日中の多くはせっけん作りなどの刑務作業に励む。工場内に掲示された「安全五訓」、その下には「5POINT　FOR　SAFETY」。屈強な米軍関係受刑者たちも腰を折りながら黙々と作業を続けていた。

米軍関係（右）と一般（左）の受刑者の食事。手前から2010年３月２日朝、同日昼、３月１日夕。

　だが、米軍と一般の間には処遇上の「差」も歴然と存在する。根拠となるのは日米合同委員会の合意である。1953年の刑事裁判管轄に関する事項で、米軍関係者の身柄拘束は「習慣などの相違に適当な考慮を払う」ことになっているからだ。

ベッドが置かれた米軍関係受刑者用の居室

　米軍関係の居室（単独）は6・5平方メートル。むきだしで置かれている便器や洗面台、薄汚れた窓から鉄格子越しに見える無味乾燥な風景も一般と同様だ。ただ、一般は畳敷きに対し、米軍関係にはベッドが置かれている。

　最大の「考慮」が払われているのは、刑務所生活の中で数少ない楽しみの一つであろう食事だ。

例えば２０１０年３月２日の朝食を見ると、一般がコメと麦の混合飯、みそ汁、卵焼き、漬物、ふりかけ。一方の米軍関係者はフレンチトーストにシリアル、ベーコン、オムレツ。さらにミルクとバナナも付く充実ぶり。メニューの豊富さは一目瞭然だ。

これは米軍から缶詰などの「補充食料」の提供を受け、上乗せ支給しているためだ。必然的に肉やデザートなどが多くなる。政府が明らかにした２００５年度の補充食料の総量は13トンになる。年間で１人１トン近くが支給されている計算だ。

被害者感情や社会正義の観点から、この問題は10年以上前からたびたび国会でも批判を浴びてきた。02年には法務相が「補充食料の提供は廃止することが望ましい」と答弁している。政府がようやく是正に乗り出したのが07年のことだった。

それから３年がすぎた。どの程度改善が進んでいるのか。横須賀刑務支所は「全体的に比重を少なくするようにしている」と強調するが、分量などについては「分からない」と話すのみ。補充食料によらない食事が提供されるのは、月に２、３日分という。

横須賀刑務支所　２０１０年３月17日現在、日本人受刑者１５４人、米軍受刑者は14人を収容。２０１０年２月末時点の平均年齢は、それぞれ43歳、28歳。平均刑期は３年２カ月、５年11カ月（無期懲役を除く）。米軍関係は１９７０年代後半には40から50人いたが、ここ10年は20人前後で推移しているという。米軍関係の女性受刑者は栃木刑務所に収容されている。

騒音防止協定

34 深夜のごう音、「静かな夜」は遠く

突然の爆音に目を覚ます。外はまだ暗い。

「またか」

米軍嘉手納基地で繰り返される深夜、未明の発進だ。滑走路に隣接する嘉手納町東区の島袋敏雄区長（65歳）は「(深夜未明の離陸は）復帰前から当たり前のように繰り返されてきた。米軍はいつも自分たちの都合を最優先にする」と吐き捨てるように言った。

嘉手納町の調べによると、深夜から早朝にかけての米軍機の離陸は、２００６年度12回で延べ96機、07年度は4回で延べ32機、08年度が3回で延べ35機となっている。ほとんどは騒音の激しい戦闘機だ。

米軍機が深夜、未明に発進するのは、帰還や訓練参加などで米本国へ向けて飛び立つときだ。米軍は「長時間飛行で疲れたパイロットの安全を確保するため、米本国に昼間のうちに到着する必要がある」と説明する。軍の運用が優先され、周辺住民の安眠妨害はそっちのけだ。

未明にごう音をまき散らし、離陸するＦ15戦闘機＝2008年10月4日午前２時51分、嘉手納基地

米海軍厚木基地（神奈川県大和、綾瀬市）で２００９年５月12日の深夜、突然のごう音が静寂を切り裂いた。午後10時から3時間にわたり、米原子力空母ジョージ・ワシントンの艦載機が次々と帰還したのだ。

「うるさくて、子どもが起きる」

「あしたテストなのに、勉強に集中できない」

市民から二つの市に寄せられた苦情は約１１０件になった。

特に着陸ルートの真下にあたる大和市で被害が大きく、翌13日には、大木哲市長が厚木基地のエリック・ガードナー基地司令官に直接、深夜の飛行を控えるように要請する事態に発展した。

艦載機は、洋上に展開している空母ジョージ・ワシントン上での通常の着艦訓練から戻ってきたとみられるが、米軍高官の口から理由が語られることはなかった。

嘉手納、厚木の両基地とも、午後10時から翌朝午前6時までの飛行を制限する騒音規制措置が日米で合意されている。しかし、「運用上必要な場合に限られる」(嘉手納)、「合衆国軍の態勢を保持する上に緊要と認められる場合」(厚木)という「抜け道」がある。

宮城篤実嘉手納町長は、深夜未明の離陸を制止できないのは、日米地位協定3条で施設の管理権を米軍に委ねているため、と指摘する。さらに「(騒音規制措置など)きれい事を並べても、管理権が米側にある以上は解決しない」として、管理権を日本へ移譲する必要性を訴えるが、政府は取り合わない。

住民生活の上に重くのしかかる米軍の都合。「静かな夜を」という住民の望みは、日米地位協定に阻まれ、実現の糸口すら見いだせていない。

嘉手納基地の騒音

嘉手納町が町内3カ所に測定器を設置し、計測している。滑走路に隣接する屋良地区が最も激しく、70デシベル以上の騒音は年間平均約3万7500回発生。このうち、午後10時から翌日午前6時までの時間帯は、年間平均3350回(回数は2004年度から08年度の平均)。

航空機騒音

35

爆音訴訟、賠償金は国民の血税

「航空機飛行差し止め請求を盛り込もう」

２００６年８月、米海軍厚木基地（大和、綾瀬市）近くの厚木基地爆音防止期成同盟（爆同）事務所でのこと。空母艦載機の騒音被害をめぐる第４次訴訟提訴に向け、顔をそろえた幹部らの思いは、すでに固まっていた。３次にわたる裁判をリードしてきた「爆同」が、静かな空を求める運動の〝原点回帰〟を全会一致で確認した。

４次訴訟原告団の藤田栄治団長（75歳）は、「誰もが、もう一度（騒音被害の）本質に挑もうという意気込みだった」と、06年の会議を振り返る。その言葉からは、一方で直近の３次訴訟判決に対するわだかまりもうかがえた。

約４９００人の原告に対し、総額約40億４千万円の支払いを国に命じた、06年７月の東京高裁の第３次訴訟判決。訴えが認められたようにみえたが、爆同幹部らは勝利に酔いしれる気持ちにはなれなかった。悲願だった「航空機の差し止め請求」を盛り込まなかったからだ。賠償に絞った戦術

提訴に向け、横断幕を広げながら横浜地裁に向かう第４次訴訟の原告団ら＝横浜市中区の日本大通り

により、運動のすそ野を広げ、多くの人が参加しやすい短期戦にするという目標は達成したものの、「静かな空を取り戻すのが、本質的な運動目的」（藤田団長）だった。

さらに、勝ち取った賠償金も米側が支払わず、日本政府が肩代わりしている実態にも不満が強い。第４次訴訟団の斎藤英昭事務局長（69歳）は、「対等な日米関係と言うなら米軍機騒音のすべての賠償金を日本の税金から支払うのはおかしい。米側が全額支払ってもおかしくない」と憤る。

これまでの裁判で、米軍機の騒音は「受忍限度を超える違法な爆音」とされてきた。日米地位協定第18条では、米軍のかかわる民事請求について、米側のみに責任がある場合は米側の負担率75％、日米の双方に責任がある場合は、両国で均等に分担するとしている。しかし、米側から賠償金が払われたことはない。

沖縄でも、嘉手納基地（嘉手納町など）と普天間飛行場（宜野湾市）の周辺住民らが飛行差し止めと損害賠償を求めて訴訟を起こし、これまでに総額約70億円の賠償が命じられている。しかし防衛省によると、全国で行われている基地周辺の爆音訴訟では、約１４１億円の支払いが命じられているが、米側は1円も払っていない。

騒音をまき散らす米軍が賠償金を支払わず、被害者である国民の血税で賄われる理不尽さに対して、厚木の第4次訴訟の斎藤事務局長は、「騒音の元を断ち切ることが必要だ。プレッシャーを与えるためにも航空機差し止めを実現させる」と力を込める。

米軍基地をめぐる騒音訴訟

横田基地（東京都）や岩国基地（山口県）の周辺住民も提訴するなど、全国で展開されている。多くの裁判で原告団が賠償金を得ているが、米軍機の飛行差し止めは「安保条約に基づくので民事裁判権は及ばない」などとして退けられている。

被爆地寄港

36 寄港のたび被爆者団体は抗議集会

米軍艦船は基地の町だけでなく、「友好親善」や「乗組員の休養」などの理由を付けて民間港に姿を見せる。それは被爆地も例外ではない。長崎県に記録がある1967年以降、長崎港への寄港は17回（2010年10月現在）。被爆者団体や労働団体はその都度、長崎県や長崎市を通じ日米両政府に寄港回避を求め、艦船の接岸先で抗議集会を開く。

1989年9月に寄港した米フリゲート艦の艦長は、長崎市の平和公園を訪れた。平和祈念像の前では被爆者ら約50人が座り込みで抗議した。

「核疑惑艦の艦長が軍服姿で被爆者の聖地に踏み込むな」

艦長が花輪を手向けて立ち去ると、被爆者はそれを踏み付けた。

献花を遠慮するよう長崎原爆被災者協議会が米側に求めていたが、聞き入れられなかった。「非礼」との声も浴びたが、そこは多くの人が熱線で焼き殺された場所である。谷口稜曄《すみてる》会長（81歳）は当時、花輪を踏まなかったが、耐え難い思いは皆同じだった。

長崎に寄港した米イージス駆逐艦ラッセンに向け、抗議する被爆者や労働組合員＝2008年２月15日、長崎市柳埠頭

「それほどの怒りをぶつけなければならない状況をつくったのはアメリカだ」

谷口会長は16歳のとき、郵便配達中に被爆した。背中などに大やけどを負い、１年９カ月間うつぶせで過ごした。皮膚移植を繰り返したが、今も後遺症でたびたび呼吸が苦しくなる。


長崎県と長崎市は「市民感情に配慮を」と寄港回避を毎回要請し、艦長の表敬訪問も断ってきた。港湾管理者の県は、反対姿勢を示す意図で、寄港時の損失補償を日本政府に請求している。だが、これらも谷口会長には「形式的な対応」に映る。

「寄港は日米地位協定で認められ、自治体に拒否する権限はない。１９６０年の安保改定以降、米側から事前協議の申し出がないので、核は持ち込まれていない——」

米軍が核搭載を肯定も否定もしない政策を続けていたにもかかわらず、長崎県は、こうした日本政府の見解をなぞり、「非核三原則は国是」として寄港を受け入れてきた。寄港する艦船に核不搭載の証明書を求める「非核神戸方式」導入にも消極的だ。

しかし2010年3月、民主党政権が「核密約」を認め、これらの論拠は崩れた。核搭載艦船の寄港は、事前協議の対象外だった。

被爆者の平均年齢は75歳を超えた。一方で、米軍は着実に寄港実績を重ねている。米国が核を手放さない限り、谷口会長は寄港を許さない。ただ、反対運動が先細りし、市民の関心が薄れていくのも感じている。

損失補償 日米地位協定に基づき、米軍は民間港の岸壁や桟橋を無償で使用できる。その場合、民間船舶が使用すれば岸壁使用料などを徴収できたとみなし、自治体は損失を日本政府に請求できる。9千トン前後の駆逐艦クラスが4日から5日間寄港すると補償額は十数万円になる。

Ⅳ章　揺れる日米同盟

冷戦終結後の1990年代を境に、大きく姿を変えた日米安保体制。テロなどの新たな脅威が出現する中、日本だけにとどまらず、「アジア・太平洋」、そして「世界」を見据える関係にまで、一気に変化を遂げた。同盟の意義や実態を探るため、重要な節目となる出来事を振り返る。

＊1992年＝国連平和維持活動（PKO）法

1991年の湾岸戦争時に、人的支援を行うための法整備が整っていなかったことから92年に制定された。

この法律を根拠に、自衛隊は初めて92年9月にカンボジアに派遣された。これまでにルワンダやモザンビークなどで難民支援といった国連を中心とする平和維持活動に取り組んだ。

2010年2月からは、陸上自衛隊が震災に見舞われたカリブ海のハイチに派遣され、医療支援やがれきの除去などを実施している。

＊1996年＝安保「再定義」

冷戦終結後の安全保障環境の変化に対応するため、橋本首相とクリントン大統領が1996年4

月、「日米安全保障共同宣言」を発表した。日米同盟の意義を再確認するとともに、安保体制を「アジア・太平洋地域の安定維持の基礎」と位置づけ、協力目標を拡大した。

背景には、90年代初めの北朝鮮の核危機があったとされ、これを機に両国間の指針見直しや国内法の整備につながった。

＊1997年＝新ガイドライン

安保「再定義」を受け、日米が見直し作業に着手し、1997年9月に合意した「新たな日米防衛協力のための指針」。平時や日本有事での連携強化が定められたほか、従来の指針になかった周辺事態（日本周辺地域における日本の平和と安全に重要な影響を与える事態）での協力も盛り込まれた。米軍への支援として国内の民間空港・港湾の使用など、約40項目の協力事項が示された。

＊1999年＝周辺事態法

日本の平和と安全に重要な影響を与える武力紛争などの事態（周辺事態）が生じた際に政府が取るべき対応措置を定めた法律。

新ガイドラインの実効性を確保するため、1999年5月に制定された。適用するには国会の承認が必要となるが、自衛隊による米軍への後方地域支援や後方地域捜索救助活動が可能になる。物品の提供については給水や給油、食事などとされ、武器や弾薬の提供は含まれていない。

＊２００１年＝テロ特措法

２００１年の米中枢同時テロを受け制定された時限立法。対テロ戦争の一環として米軍などがアフガニスタンを攻撃する際などに後方支援を行う。この法律に基づく協力支援活動として海上自衛隊が海外派遣され、米軍艦船などに燃料提供などを行った。自公政権下では改正を経て延長されたが、自衛隊の活動を事後の国会承認とする点に民主党が反対したことなどから失効、後継の新テロ特措法も失効した。

＊２００３年＝有事関連３法

日本が他国から武力攻撃を受けた際の対処方針を定める有事法制の中核となる法律。武力攻撃事態対処法は、日本が直接攻撃を受けたり、攻撃が予想される場合を「武力攻撃事態」と定め、国や自治体などの権限を規定した。

改正自衛隊法では有事に自衛隊が円滑に行動するため、私有地に強制的に陣地を築くなど私権の一部制限を許可し、民間側が協力を拒否した場合の罰則も盛り込まれた。

さらに武力攻撃事態等への対処のために、安全保障会議設置法を一部改正した。

＊２００３年＝イラク復興支援特別措置法

戦後のイラク復興支援に自衛隊を派遣する法律として、4年間の期限付きで成立。活動区域を非戦闘地域に限定、自衛官や「自己の管理下に入った者」の防衛に限り武器使用が許された。

陸自は2004〜06年、給水や道路の修復などを実施。空自は04年から約5年間、陸自や多国籍軍の兵員、物資輸送に当たったが、08年、名古屋地裁が一部活動は違憲との判断を示した。07年改正で2年間延長され、09年に期限を終えた。

＊2004年＝国民保護法

第1段階だった2003年の有事関連3法に続き、有事法制を整えるため成立した関連7法の一つ。

有事や大規模テロ発生の際に、国や自治体が進める住民避難の在り方などを規定している。地方自治体や指定公共機関に対処手順を示した計画をつくるよう義務付けている。

国の指針に基づき、2005年度に全都道府県が計画を作成。06年度から市町村計画の作成作業が始まったが、現在でも未作成の市町村がある。

揺れる同盟①

37 北朝鮮核疑惑で示された軍事的協力

1994年2月11日（日本時間12日）、ワシントンで日米首脳会談が開かれた。連立政権の細川護熙《もりひろ》首相とビル・クリントン米大統領は、日米包括経済協議の焦点となっていた、日本の市場開放度合いを測る「数値目標」設定をめぐり折り合わず、交渉は決裂した。マスコミは日米関係の緊張を大きく報じた。

だが同じころ、まったく別の〝日米交渉〟が水面下で始まった。

石原信雄内閣官房副長官は会談後、帰国したばかりの細川首相から公邸に呼ばれた。首相は「クリントンは経済の話はほとんど関心がなかった」と深刻な表情で、クリントン大統領が北朝鮮の核開発問題を持ち出したことを打ち明けたという。

93年、核拡散防止条約（ＮＰＴ）加盟の北朝鮮に核兵器開発疑惑が浮上した。米国は北朝鮮が「少なくとも核兵器1発の製造に十分な核物質を保有している」として圧力を強めたのに対し、反

米ワシントンで首脳会談に臨む細川首相（左）とクリントン大統領。会談で北朝鮮問題が話し合われたという＝1994年２月11日（写真提供：共同通信社）

発した北朝鮮はＮＰＴ脱退を宣言した。93年6月の米朝協議でいったん脱退を留保したものの、ＮＰＴ脱退の撤回と加盟国の義務履行を求める国際社会との間で交渉が続いていた。

クリントン大統領は細川首相に、北朝鮮の核開発を「実力行使してでも阻止する」と強硬な姿勢を示し、その際の日本側の軍事的協力について、早急に事務レベルで詰めるよう熱心に迫った。

細川政権は訪米前、日米貿易不均衡の是正に向けた内需拡大策として所得税減税を決断した。裏打ちとなる財源として「国民福祉税」構想を模索するなどして、首脳会談に臨んだ。だが北朝鮮問題に対する意識は薄く、事前準備はなかった。想定外の展開に細川首相は、「検討を命じる」と答えるのが精いっぱいだった。

極秘裏に検討を指示された石原氏は、内閣安全保障室にすぐさま外務省、防衛庁（当時）、警察庁の関係者を集めて会議を開始した。外務省、防衛庁が中心になって米側から具体的な要望を聞き取り、四省庁会議で実施可能かを擦り合わせていった。

公海上での機雷除去、有事の際の難民受け入れなど、多数の要望項目について一つひとつ、法律上の側面などから実施の可能性が検討された。しかし徐々に浮かび上がったのは「米側が求めた協力で、日本が実施可能な内容はほとんどない」という事実だった。

石原氏は「日米安保条約はあっても、具体的細目は何も決まっていなかった。がくぜんとした」と振り返った。

北朝鮮核開発問題　1993年、北朝鮮が国際原子力機関（IAEA）の査察受け入れを拒否した。94年3月、北朝鮮が「国連が制裁措置を決議した場合は宣戦布告とみなす」と声明を出し軍事的緊張が高まった。94年6月のカーター米元大統領訪朝を経て10月に米朝枠組み合意が整い、北朝鮮は核開発を断念した。しかし2000年代に入り、秘密裏に核開発を続けていたことが明らかになった。

揺れる同盟②

38 米国の注文、のちの周辺事態法へ

「核疑惑」をめぐる朝鮮半島情勢が緊迫する中、１９９４年２月から極秘裏に始まった四省庁会議。当時の石原信雄官房副長官は、「北朝鮮が流す機雷の除去を、優秀な自衛隊にやってほしいとの大変強い要望が（米側から）あった」と振り返る。

米側からの注文に、どこまでこたえられるのか——。危機管理や安全保障の担当者が「ほぼ毎日」（石原氏）のように突っ込んだ論議を続けていた。

米側が最も期待した自衛隊による公海上での掃海活動については、内閣法制局が「国際法上は戦争状態となり憲法９条に抵触する」との判断を下していた。これだけではなく、米側から出されたほかの多数の要望についても「ＮＯ」との判断だった。

東京・赤坂の料亭で四省庁会議のメンバーのひとりは、また別の角度から問題意識を投げかけていた。

会合をセットした警察庁幹部は「ゲリラにより日本のインフラが襲われる可能性がある。特に日本海側の原発が問題だ」と切り出した。続けて「正直言って、10人、20人を相手にするスナイパーはいない。警察では太刀打ちできない。自衛隊さんにバトンタッチしたい」と、防衛省に対応を求めた。

だが、陸上自衛隊トップの冨澤暉陸幕長は「治安出動では対応できない」と、首を縦に振ることはなかったという。

「わたしも、あなたもできない。困りましたな……」と本土防衛の談義はすぐに行き詰まる。結局、この会合で結論が導き出されることはなかった。

並行するように、自衛隊内でもより具体的な協議がひそかに進行していた。

四省庁会議で政府が対策を検討してから2カ月後の94年4月、在日米軍司令部（東京・横田基地）から具体的な要望が届けられた。民間空港・港湾の使用、弾薬輸送、在日米軍基地の警備……。やりとりを経て、その項目数は実に1059に及んだという。

ジミー・カーター元米大統領の訪朝により核危機が回避された後も、この要望を基に自衛隊内では協議が続けられ、検討項目がとりまとめられたとされる。

国民の目にさらされることがないまま進んだ省庁や自衛隊内での議論。冨澤氏は「その後の周辺事態法のベースになった」、石原氏は「安保再定義、ガイドライン見直しなど、すべてのスタートラインになった」と口をそろえる。

安保体制というスプリンクラーは、どんな事態でも火消しをしてくれるとみんな信じている。しかし冷戦が終わって、スプリンクラーを点検するため屋根裏に上がってみると、回線はずたずたに寸断されていた……。

それが「日米同盟」の真相だった。

政局続きの永田町をよそに、こんな言葉まで飛び交った霞が関は、米軍の呼びかけに応じる形で、一気に環境整備へ動きだすことになる。

1059項目の要望

米軍が朝鮮半島有事を想定し、自衛隊側に要求したとされる「対日支援要求」。在日陸海空司令部と米海軍第7艦隊、在沖海兵隊など7つの部隊がそれぞれ要望などを示し、総数は1995年12月までに1059項目となった。長崎や沖縄など民間8空港や6港湾の使用などが盛り込まれている。

●——揺れる同盟③

39 意思決定できない内閣

「戦争が起きればソウルは火の海になる」

1994年3月、北朝鮮の核開発疑惑をめぐる板門店での南北実務者協議でのこと。北朝鮮代表が韓国側を恫喝《どうかつ》するなど、朝鮮半島の緊張はピークに達していた。

だが、当時の細川護熙内閣は、北朝鮮はまだ核兵器を持っていないと楽観視していた。防衛庁長官だった愛知和男氏（72歳）も「緊迫感はなかった」と証言する。北朝鮮はその前年の93年、日本のほぼ全域を射程に収める中距離弾道ミサイル「ノドン」を日本海に初めて試射していた。それもあって、愛知長官には、こんな笑えないジョークも漏れ聞こえてきた。

「ノドンが日本に1発着弾したら、日本人の（国防に対する）意識も変わっていいんじゃないか」

防衛庁や外務省などでつくる四省庁会議が、米軍にどういった軍事的な協力ができるのかを協議していたが、愛知氏には経過報告を受けた記憶がない。

細川首相は94年4月8日、佐川急便献金疑惑に耐え切れず、突如辞意を表明した。政治空白の中、四省庁会議は悶々とした空気に包まれた。

当時、同会議を内閣官房副長官として主宰した石原信雄氏（83歳）は「内閣が意思決定できず、国会も機能していなかった。もしあのまま米側が突っ走って有事になり、日本政府が対応を迫られていたら大変だった」と振り返る。

94年4月21日、核問題で訪韓していたウィリアム・ペリー米国防長官が日本に立ち寄り、都内のホテルで愛知長官と会食した。核について突っ込んだ話はせず、「続きはワシントンで」と約束して別れた。その1週間後、政権が羽田首相に移り、愛知長官は閣僚を辞した。「この時期に防衛トップを代えるなんて日本は何を考えているのか―米側はそう思ったはずだ」

政治の漂流はさらに続く。羽田内閣はわずか2カ月で倒れ、社会党の村山富市委員長を首相に担いだ自民党、新党さきがけとの「自社さ政権」が発足。95年になると、阪神淡路大震災（1月）や地下鉄サリン事件（3月）といった内政問題に追われる。その一方で、冷戦後の安保「再定義」に向けた日米協議が始まった。だが同年9月、日米安保そのものを揺るがす大事件が沖縄で起きた。

細川護熙内閣　東京佐川急便の闇献金事件などで、宮沢喜一内閣の不信任決議案が可決され、解散総選挙に。自民党を離れた羽田孜、小沢一郎両氏らが新生党、武村正義氏らが新党さきがけを結成。日本新党の細川氏を首相に立て社会党、公明党、民社党、社会民主連合、民主改革連合を加えた8党連立政権が1993年8月に発足した。これにより自民一党支配の55年体制が崩壊した。

揺れる同盟④

40

基地負担軽減で初の総理談話

「どーせ、きさまらは……」。首相官邸。梶山静六官房長官は執務室に外務、防衛官僚を集めた会議で、突然立ち上がった。社交ダンスを踊るように丸い体を揺らした。

「踊りながら、こうやって沖縄を足げにしているだろ。カクテルパーティーだけの外交はやめろ」

1995年9月、沖縄の海兵隊員による少女暴行事件が起きた。

事件直後に大田昌秀知事が米軍用地強制使用の手続きを拒否すると、政府はハチの巣をつついたような大騒ぎになった。沖縄ばかりでなく、横須賀、佐世保などの運用は米軍に任せっきりで、基地の使用実態を知らない政府は不用意だった。

北朝鮮核開発疑惑で周辺事態に対処できない日米同盟の問題がクローズアップされていた。周辺事態ばかりか、基地問題でも対処法を見失った。まさに同盟は漂流した。

日米両政府が普天間飛行場の移設返還を正式合意した翌月の97年1月、東京都内の料理屋で梶山官房長官は、沖縄県の吉元政矩副知事に請うた。

「移設問題を3年だけ担いでくれないか」

政府の移設作業に沖縄県がしばらく反対ののろしを上げないでくれ、と頼んだ。互いに政府と県のナンバー2として頻繁に会った。会議が終わると梶山に誘われ、酒を酌み交わした。

「3年後は2000年サミットの日本開催ですね」「北朝鮮問題ですね」

吉元氏は真意を探ろうとした。梶山氏は答えなかった。

橋本龍太郎首相は96年9月10日、沖縄問題について基地負担への認識が不足していたことを認め、整理・統合・縮小を進めると約束、総理談話を発表した。

「日本は米軍の兵力構成を含む軍事態勢について、継続的に米国と協議する」

兵力削減による基地返還を目指す対米折衝に、政府が初めて意欲を示す内容だった。その前月の96年8月に自民党の加藤紘一幹事長が渡米し、大統領補佐官に「朝鮮半島情勢が好転すれば、海兵隊撤退を検討できるのでは」と進言していた。

日本開催のサミットまでに、北東アジア情勢の安定に日本が何らかの形でコミットし、その大枠の中で沖縄の基地問題に当たろうという意図を吉元氏は読み取った。基地提供だけでは機能しなくなった同盟を再構築するには、時間が必要だった。

そして3年後の沖縄サミット、クリントン米大統領は沖縄戦の全戦没者名を刻銘した糸満市摩文仁《まぶに》の「平和の礎《いしじ》」を訪れ、「米軍の存在を薄めていく」と語った。あれから10年がたち、約束はまだ履行されていない。

揺れる同盟⑤

41

日米の絆強めた普天間協議

1996年12月2日夜、東京・赤坂のTBS放送センターにほど近いレストランは、ほおを上気させた日米政府関係者の熱気に包まれていた。約1年にわたって沖縄の米軍基地の整理・縮小を協議し、この日の午前に最終報告を発表した、日米特別行動委員会（SACO）の関係者だ。

「発表が終わったらみんなで飲みませんか？」

防衛庁の秋山昌廣防衛局長は、事前に米国防総省のカート・キャンベル次官補代理からこう誘われていた。米軍普天間飛行場の移設先などを示した最終報告は大きな節目だった。キャンベル氏は「互いに労をねぎらいましょう」と言いたかったのだ。

「レストランを全部借り切ってね。みんな興奮して抱き合ってましたよ。『これで日米安保体制は一つのヤマを越えた』って」

秋山氏自身も、涙を流しながらキャンベル氏を抱擁したことを覚えている。

この日の打ち上げには日米の実務者にとって、別の意義があった。再び秋山氏はこう回想する。

「われわれは誓ったんです。『このモメンタム（勢い）を維持しよう』ってね」

沖縄の基地問題で一定の結論を導いた余勢をかって、日米防衛協力の指針（ガイドライン）の見直しもやり遂げよう。そんな共通認識が当局者間で確認されたのだ。ガイドライン見直しの議論は95年のＳＡＣＯ設置以前からあったが、普天間問題で停滞していた。ジョセフ・ナイ国防次官補は、「これを成功させないと日米同盟は崩壊する」と強く警告していた。

北朝鮮有事に日本は何ができるのか――。１９９７年1月、自民党の安全保障調査会に呼ばれた防衛庁の運用担当者は「自衛隊法の付則にある受託訓練と解釈すれば、一定の協力が可能」と説明せざるを得なかった。朝鮮半島有事を「米側から請け負う訓練」で乗り切るとは、いかにも苦しい。「そんなもの法律違反だろう」――案の定、議員から指摘された。「法律違反ではありません。法律の趣旨に合っていないだけです」と、担当者が答えると苦笑が漏れた。

当時の法体系で効果的な対米協力はほぼできない。97年9月に発表された新ガイドラインは日本への直接の武力攻撃だけでなく、朝鮮有事や台湾海峡危機など周辺事態の日米協力の必要性を示し、「具体的な政策や措置への反映が期待される」と記した。

直接的な表現こそ避けたが、「今後の新規立法に期待する」という意味にほかならない。後の周辺事態法、有事法制、テロ対策特別措置法につながる重要な文言だった。

難航を極める普天間移設問題は１９９６年当時、日米外交・防衛当局者の絆を強め、防衛協力体制の強化を推進する側面をはらんでいた。

新ガイドライン

42 行動範囲、極東から世界規模に

1997年9月、約20年ぶりに見直された新ガイドラインは、日米防衛協力の対象を周辺事態（周辺有事）に拡大し、協力の具体例として民間空港・港湾の提供など約40項目を盛り込んだ。

その6年前、91年1月、米空軍嘉手納飛行場から、沖縄に司令部を置く第3海兵遠征軍所属の海兵隊員約340人が、米軍チャーターのジャンボ機でサウジアラビアに向かった。

中東に到着した時、彼らの所属は米カリフォルニア州が本拠の第1海兵遠征軍になっていた。所属の変更は書類上のことで沖縄から動員された事実は変わらないが、「極東」の範囲を超える直接軍事行動は、安保条約の事前協議の対象とする日本政府への「配慮もあったのだろう」と、ある外務省幹部は振り返る。湾岸戦争にはこうして沖縄から海兵隊を主力に総計8千人が派遣された。

旧ガイドラインが繰り返していた「極東」という言葉が、「アジア太平洋地域」に置き換えられた新たな日米防衛協力の指針（新ガイドライン）が97年に合意されると、こうしたささやかな〝配

サウジアラビアに向かうチャーター機に乗り込む在沖海兵隊の兵士ら＝1991年１月11日、嘉手納基地

慮〟も失われることになる。

翌98年11月、在沖米海兵隊の基幹である第31海兵遠征部隊約２千人が、イラク空爆作戦参加のために、長崎県佐世保からの強襲揚陸艦でペルシャ湾に展開した。

２００４年８月のイラクへの同部隊派遣について、海兵隊報道部は「派遣は（一時的な応援でなく、通常の）ローテーションの一環」と説明した。在沖海兵隊の日常的な作戦範囲が、「極東」にとどまらないことを隠さなかった。

07年年頭にはジョセフ・ウエーバー海兵隊総司令官の言葉がホームページに掲載された。06年にイラクやアフガニスタンでの作戦に、沖縄から８千人が派遣されたことに触れた上で、「テロに対する世界規模の戦いを遂行している」と兵士を称揚している。

新ガイドライン策定当時の自民党政調会長で、衆院の新ガイドラインに関する特別委員長も務めた山崎拓前衆院議員は、元米国務副長官のアーミテージ氏に「『第3のガイドライン』が必要」と呼びかけたと明かす。次は国際テロリズムに対応した日米共同を、という含意だ。それは新ガイドラインがうたう「アジア太平洋地域」の範囲すら超えてしまうだろうが、「大事なことは日本や極東の有事も、テロ対処もすべてやることだ」と。

自衛隊のインド洋や東アフリカのソマリア沖への派遣は、その流れに沿っているようにも見える。日米安全保障条約の基本的枠組みは変更しないとする新ガイドラインを機に、在日米軍の行動範囲は、名実とも「世界規模」に広がっている。

極東条項 米軍が日本国内の施設区域を利用する目的として、日本のほか「極東」の平和と安全の維持のためとする日米安保条約第6条のこと。政府はこの極東の範囲を、おおむねフィリピン以北の日本周辺地域で、韓国・台湾を含むと説明している。一方で新ガイドラインは、日米が協力し対応する「周辺事態」について、地理的な概念でなく日本の安全に影響を与える性質のものと定義している。

非戦闘員退避活動

43 新ガイドライン、有事法制に議論

「1列に並んでください」

2000年11月10日、佐世保市崎辺《さきべ》町の海上自衛隊の施設で、普段着の大勢の男女に、緊張した面持ちの自衛官が呼びかけた。

自衛隊と在日米軍はこの年の日米共同統合演習（11月2日～18日）で、周辺事態の際の両国の在留国民避難を想定した、初の共同訓練を各地で実施した。佐世保では、国外から国内へ邦人を運ぶ想定で、自衛隊単独の訓練が繰り広げられた。

崎辺の海上自衛隊施設を「仮想国外港湾」に設定。退避、出国する民間人役の自衛隊員計200人を輸送艦に収容して艦内で1泊、「仮想国内港湾」の佐世保市立神《たてがみ》の海上自衛隊施設に翌11日に帰港するシナリオだった。艦船5隻とヘリコプター、自衛隊員約1300人が参加する大がかりな訓練となった。

崎辺では、集合場所の体育館でひとりずつ氏名などを確認された〝民間人〟が、金属探知機で検

在外邦人輸送訓練で海自ヘリに乗り込む民間人役の自衛隊員＝2000年11月10日、佐世保市崎辺町

査を受け、沖合の輸送艦へ向かう小型艇やヘリに乗り込んだ。小銃などで武装した陸上自衛隊員が警護した。妊婦やけが人役の隊員もおり、訓練中、事前シナリオにない指令が下され、現実さながらの緊迫感がただよった。

「非戦闘員退避活動（ＮＥＯ）」は、１９９７年の「新ガイドライン」に盛り込まれた協力項目の一つである。99年の自衛隊法改正で、在外邦人輸送時の自衛隊機使用が可能になった。訓練は「新ガイドラインの具体化」と受け止められ、佐世保でも新ガイドラインに反対する市民団体の抗議活動が展開された。

この訓練から2年後の２００２年、有事関連法案（03年成立）を審議していた衆院の特別委員会が佐世保市で公聴会を開催した。

国会7会派推薦の地元有識者は意見陳述で、「安全保障上（有事法制は）必要」「平和憲法の初心に帰るべき」と賛否を交差させた。

新ガイドライン、有事法制と一連の態勢整備が進んだこの時期、佐世保に限らず国内は市民生活への影響などをめぐる議論に揺れた。ただ半世紀以上を米軍基地と過ごし、朝鮮戦争などを経験した佐世保には、軍事に縁のない町とは違う特有のさめた雰囲気もただよっていたという。

当時からの市議のひとりは、「もともと何かあれば巻き込まれるという意識はある。米軍を当たり前のように受け入れ、ある意味慣れっこだった」と振り返った。

日米共同統合演習　日本防衛に向けた日米の共同対処、周辺事態などの際の対応を訓練、検証し、日米間の連携向上を図るのが狙い。１９８５年度に始まり、２０１０年度までに図上訓練中心の指揮所演習を18回、実動演習を10回実施している。

傷病兵の輸送・治療演習

44 街に〝野戦病院〟が出現

バラバラバラッ……。

2000年8月、神奈川県相模原市の米陸軍相模総合補給廠の上空からプロペラ音がこだました。周辺の住宅街上空も低空飛行し、着陸したヘリコプターから兵士を乗せたストレッチャーが降ろされ、設営されたテントに次々と運ばれていった。

平穏な街なかに突如、野戦病院のような光景が広がった。テント内には集中治療室のほか放射能や化学兵器に対応する機器群。包帯を巻いた兵士が横たわり、衛生兵らがその間を忙しく動き回った。

行われたのは、統合衛生野外演習「メデックス2000」。全国の在日米軍基地のほか、在韓米軍や米国本土から派遣された特別チームなどを合わせた数百人が参加。負傷兵役の在韓米陸軍兵士100人は厚木（大和、綾瀬市）や三沢（青森県）などの基地を経由して運び込まれた。

「あんなに大規模に基地が動くのは、ベトナム戦争以来だ。戦場のにおいがした」

太平洋地域の有事や自然災害などを想定して行われた「メデックス2000」。脚に包帯を巻いた兵士が運ばれるなど、物々しい光景が広がった＝相模原市の相模総合補給敞

約40年間にわたって補給廠を監視する沢田政司さん（58歳）は、演習をこう振り返る。

ベトナム戦争当時、補給廠は戦車の整備場となり、小田急線相模大野駅前にあった米陸軍医療センターでは約700床のベッドが負傷兵で満床となった。四半世紀を経て大々的に行われたメデックスは、当時の血なまぐさい光景とも重なり、相模原が変わらぬ米軍後方支援の最前線であることを再認識させた。

演習時の米軍の発表では、訓練想定は「アジア太平洋地域の有事や自然災害」。しかし1993年の北朝鮮の核拡散防止条約（NPT）脱退表明以降、

98年の弾道ミサイル発射など朝鮮半島情勢の緊張から、軍事専門家らの間では「北朝鮮有事への備え」との見方が上がった。

また、こうした朝鮮半島危機に呼応するように、日米間では協力体制を深化させてきた。97年に定めた「新ガイドライン」と99年に施行された周辺事態法には、両国の有事における協力項目に「日本国内における傷病者の治療、輸送」が盛り込まれた。戦時に相互に行う医療支援も明確化した。メデックスはこうした一連の環境整備に連動し、本格的な戦争を想定した動きであることは明らかだった。

いまも補給廠にはメデックスで使用した医療機器などが入ったコンテナが置かれ、さらに米軍再編の下では新たな訓練センターの建設も進む。

「このままでは、100年たっても基地の町であり続けるのではないか。基地機能強化は、そのシグナルに感じる」

基地を監視し続けてきた沢田さんは不安を強めている。

メデックス2000　2000年8月27日から9月2日まで実施。騒音などを懸念して、相模原市が実施について見直しを求めるなど地元からは反発も招いた。10月には市と市米軍基地返還促進市民協議会が、同様の演習を行わないよう国と米軍に要請している。

ミサイル防衛

45

北朝鮮脅威テコに二人三脚

「午前5時3分、ミサイル発射」

「同4分、発射後40秒で爆発」

２００６年7月5日の米海軍横須賀基地のイージス艦フィッツジェラルドの航海日誌には、北朝鮮による弾道ミサイル「テポドン2号」の発射と航跡をとらえた様子が克明に記されている。

「米国本土を直接防衛するのが目的。横須賀がミサイル防衛の最前線を担うようになった」

これは、米国の情報公開制度で入手した複数の公文書を分析したＮＰＯ法人ピースデポ（横浜市）特別顧問の梅林宏道氏（72歳）の指摘だ。

米海軍は北朝鮮とハワイを結ぶ最短コース上に、日本列島を挟むような形で日本海と太平洋に作戦区域を設定した。横須賀基地のイージス艦3隻を最大で21日間停泊させ、監視追跡任務に当たらせていたのだ。

同時に、日米の緊密な連携ぶりも浮かび上がる。日本海に展開していたイージス艦カーチス・ウィ

米海軍横須賀基地に初めて実戦配備された海上配備型迎撃ミサイル（ＳＭ３）を搭載するイージス艦シャイロー＝2006年８月29日

ルバーは海上自衛隊の補給艦から2度の洋上補給を受けたほか、別の海上自衛隊イージス艦と合流し、米軍側のオペレーション専門主任を移乗させていた。

「準備万端とは言えない状況だった」

１９９８年8月にテポドン1号が北朝鮮から発射された当時、制服組トップの統合幕僚会議議長だった夏川和也氏（70歳）は「日米が連携していれば、より多くのことが事前に分かっただろう」と振り返る。

事実、日本政府は98年に日米共同で技術研究に着手することを決定した。さらに法整備にも乗りだし、２００４年には弾道ミサイル防衛（ＢＭＤ）システムの整備を始めた。

さらに06年のミサイル発射を受け、海上自衛隊では当初の予定を前倒しした。２０１０

年度内に４隻目のイージス艦が、海上配備型迎撃ミサイル（ＳＭ３）搭載の弾道ミサイル防衛対応となる計画だ。

米軍も動きを加速させた。「地対空誘導弾パトリオット（ＰＡＣ３）を嘉手納基地に配備する」と、事務レベル協議で日本側に伝達したのは06年６月17日。北朝鮮のミサイル発射準備を警戒する米軍は、９月に配備を開始した。

横須賀でも06年８月のイージス艦シャイローを皮切りに、計５隻の海上配備型迎撃ミサイル搭載艦が常駐するようになった。第７艦隊のジョン・バード司令官は、「北朝鮮は多くの人を脅威にさらしている。日米同盟にヨコスカは不可欠だ」と強調する。

安保「再定義」、ガイドラインの見直し……。そのきっかけは、１９９３年の半島核危機だ。弾道ミサイル防衛システムの〝二人三脚〟、ここでも北朝鮮という「新たな脅威」と、それに対する「抑止力」が、精度やコストなどの議論を吹き飛ばさんばかりだ。

弾道ミサイル防衛（ＢＭＤ）システム　大気圏外を飛ぶ弾道ミサイルをレーダー網で監視し、海上配備型迎撃ミサイル（ＳＭ３）を搭載したイージス艦で着弾前に撃ち落とす。撃ち漏らした場合は、地上配備型の地対空誘導弾パトリオット３（ＰＡＣ３）が狙い撃つ二段構えである。

物資輸送

46

批判影ひそめ、民間も有事協力へ

2010年1月25日午前に、佐世保市の米海軍佐世保弾薬補給所（前畑弾薬庫）を、大型トラック8台が出発した。トラックの車体の前後には、火薬類運搬時に表示が義務付けられている「火」の文字を表示している。実弾を積載した一行は、大分県の日出生台《ひじゅうだい》演習場へ、次々とハンドルを切った。

日本側の経費負担で沖縄から本土に移転された実弾射撃訓練。1999年から実施されている日出生台での訓練では、いずれも佐世保から使用砲弾が国内民間業者の手で運ばれている。

出発風景は恒例になりつつある。だが、市民団体リムピースの調査では、米軍は2000年に、佐世保からの輸送だけだった前年とは異なり、訓練前の同時期に複数の陸上ルートで民間業者を使った弾薬輸送を実施した。訓練に関係のないものも含まれていたとみられ、遠く青森県の米軍三沢基地から佐世保まで運んだケースもあったという。

米軍、自衛隊の活動に対する民間業者への協力依頼が明記された、周辺事態法が制定されたのは

米海軍前畑弾薬庫から砲弾を運び出すトラック＝2010年１月25日午前10時58分、佐世保市

１９９８年である。リムピースの篠崎正人編集委員は「民間輸送がうまくいくか検証する実験だった」とみている。

商船がひっきりなしに入港する東日本の玄関・横浜港でも、一部米軍関係物資の輸送を民間が担っている。

「行き先が基地であることから、軍関係の荷物と知ることが多い」「一般的にコンテナの中身は知らされない。実際にどんなものを運んでいるか分からない。それが真実だ」と、生活用品などを請け負ったことがあるという神奈川県内の関係者は声を潜める。

周辺事態法制定当初、横浜では有事における米軍の荷役や輸送業務を拒否する動きが表面化した。労働組合の呼びかけに応じ、全国で初めて港湾荷役・輸送の数社が「戦争協力はできない」と表明したのだ。

あれから10年余。周辺事態法への批判の声はすっかり影を潜める一方、安全保障への貢献を「強み」にしようとする動きも出ている。

04年に成立した国民保護法など一連の法整備に基づき、武力攻撃事態に応じて避難住民らの物資輸送を行うため、内航海運業界では全国5社が指定公共機関となった。

そのうちの1社が06年、国に提出した「国民保護業務計画」には、「(国などから)緊急物資の運送の求めがあった場合、正当な理由がない限り、迅速に行う」という文言が並ぶ。

外国の船舶の攻勢にさらされ、激しい価格競争に直面する中、日本内航海運組合総連合会の影山幹雄理事長は、「有事の際に動くことができるのは日本船籍だけ。自国の船員以外、だれが日本のために動くのか」とアピールする。

沖縄県道104号越え実弾射撃訓練の本土移転

SACO最終報告に基づく沖縄の負担軽減策の一環。1997年度から始まり、本土の日出生台や東富士など5演習場で分散実施されている。2008年度までに計40回行われ、米軍の物資・人員輸送のための日本側経費負担は計94億6千万円。

国民保護法①

47

国指針、有事の対応に疑問

「閃光や火の球は、失明の恐れがあるので見ない」「とっさに物陰に身を隠す」――国民保護に関する国の指針に沿って、国が2005年に作った市民向けパンフレットだ。核攻撃への対処例の「非現実的」な表現が、被爆者たちの怒りに火を付けた。

指針に基づき、自治体が有事の対処などを定めた国民保護計画。消防庁によると、2010年4月現在、計画を作成していないのは14市町村。このうち長崎市は全国で唯一、核攻撃への対処事項を除いて、計画を作ろうとしている。

「核攻撃を受ければ市民は守れない。指針は『核被害は防げる』との誤解を招く」

こうした被爆者の反発をくみ、長崎市は国の指針について「被害想定を具体的に示すべき」と訴える。だが消防庁は「地域によって想定は変わる」と応じず、長崎県の計画と整合性を取るよう求める。県と市、両者の協議は平行線をたどったままだ。

核攻撃を想定した対処策を国民保護計画案に盛り込まないよう長崎市に要請した被爆者団体＝2006年３月14日、長崎市役所

もう一つの被爆地広島市は独自で被害を想定した。広島原爆と同じ原爆が投下された場合、27万人が死傷すると予測する。計画の中に「核攻撃による被害を避けるには唯一、核兵器廃絶しかない」と、外交努力を国に求める文言を入れた。

沖縄県で計画未作成は９市町村に上る。背景には、現在も各自治体の土地の大部分を占める米軍基地の存在、忘れがたい沖縄戦の体験がある。

米軍普天間飛行場を中央に抱える宜野湾市。「有事になれば真っ先に基地が攻撃対象になる。狭い沖縄で住民をどう避難させろというのか。基地撤去こそ住民の安全につながる」と、宜野湾市の担当者は指針の実効性そのものに疑問を投げかける。

対照的に、国民保護法の「先進自治体」（消防庁）とされるのが神奈川県だ。神奈川県内全市町村が計画を作成済み。消防庁は「米軍施設があるためか、神奈川は比較的進んでいる」と評価する。

「住民の安全を最優先するのが自治体の役割。有事でも自然災害でもそれは同じ」と、神奈川県の担当者は計画の必要性を強調する。

被爆地で、米軍基地を抱える自治体で、国民保護をめぐる対応は割れている。

国民保護計画　国の指針に基づき、自治体や指定公共機関が作成する。他国から武力攻撃を受けた際の住民避難などを定める。作成・変更時は関係機関の代表者でつくる国民保護協議会に諮る。

国民保護法②

48 「警報」導入、自治体に差

2009年4月1日、沖縄県浦添《うらそえ》市で全国瞬時警報システム（Jアラート）の運用式が開かれた。浦添市内24カ所に設置された屋外スピーカーから、サイレンと音声警報が放送される全国瞬時警報システムの稼働スイッチを押した儀間光男市長は、「防災体制の強化が図られ、市民の安心・安全の観点からも心強い」と期待を語った。

米軍基地を抱える浦添市は2008年に、嘉手納町と並び沖縄県内で最も早く国民保護計画を作成した自治体の一つ。導入から約1年後の2010年2月に発生した沖縄本島近海地震で、浦添市の全国瞬時警報システムは初めて作動、緊急地震速報や津波注意報を呼びかけた。

だがスピーカーが設置されているのは米軍基地キャンプ・キンザー周辺と沿岸に限られた。浦添市役所の防災担当も「直接は聞いていない」と話す。沖縄県内で最も早く保護計画にのっとった体制づくりに腐心した浦添市だが、全国瞬時警報システムを市内すみずみに行き渡らせる整備もこれから、と言う。

沖縄県内でいち早く開かれた嘉手納町の国民保護協議会＝2007年１月16日、嘉手納町役場

神奈川県では、全国瞬時警報システムと防災行政無線を通じて情報伝達できる体制が、10年度中に全33市町村で導入される。ただし、こうしたインフラ整備が進む一方で、住民側には国民保護法への批判も残る。

「基地があること自体が国民保護に反している」

「同法に基づき自主防災組織を活性化させるとあるが、戦前の『隣組』のようだ」

核燃料加工施設や在日米海軍基地、自衛隊施設を抱える横須賀市では、国民保護計画を作成した際に懸念の声が寄せられた。

神奈川県安全防災局によると、自主防災組織に関しても、研修に参加した県民から「自然災害対策のボランティアのつもりでいたが、テロの話を聞かされ驚いた」との感想が出たこともあったという。神奈川県は「専門的な救援にかかわるのではない」と理解を求め、抵抗感を解こうと努めている。

長崎県佐世保市では国民保護計画を機に、市内全域に拡声器で一斉に災害や有事の情報を流す防災行政無線の問題がクローズアップされた。２０１０年までに合併した旧６町を除く旧市域で未整備だ。米軍基地を抱えることもあり以前から整備が検討されてきたが、財政的理由で手付かずの状態が続いていた。

07年に整備に動きだした佐世保市は、10年度から4年かけ、親局と旧市内３３６カ所の子局（拡声器）を設置する。整備後は全国瞬時警報システムにも接続される。地方での情報受信、住民周知のシステム構築を急ぐ国の姿勢を背景に、整備は急速に進みつつある。

全国瞬時警報システム（Ｊアラート） 衛星経由で全国の自治体に緊急情報を一斉に知らせる総務省のシステム。連携した防災無線で広報する仕組みを導入する自治体が増えている。

49

国民保護法③

住民の避難対策に限界

「状況はどうですか?」

２００９年２月３日、長崎市であった長崎県国民保護共同図上訓練でのこと。参加した佐世保市の防災担当者が電話越しに問い合わせた相手は、同じ会場の別の一角に陣取る、米海軍佐世保基地の関係者だった。

国と長崎県が共同で実施した訓練には長崎県警、自衛隊などに加え「都道府県の国民保護訓練に協力した例は過去にない」(長崎県)という米軍が初めて協力した。佐世保市内数カ所を会場にした大規模な市民イベントの最中、爆破テロが発生したと想定し、会場の１カ所は米軍施設内に設定され、基地側から情報収集する手順が組み込まれた。

「サンキュー」

長崎県危機管理防災課の担当者は終了後、米軍側と笑顔で握手を交わした。「担当者同士の顔が見える関係になれた」と、成果を強調する。

佐世保市でのテロ発生を想定した長崎県国民保護共同図上訓練＝2009年２月３日、長崎市出島町、県ＪＡ会館

だが、「図上」でなく、実際の住民避難を伴う実動訓練の実施例は２０１０年現在、長崎県内ではまだない。危機管理防災課は「まずは制度の理解を深めてもらう段階。そろそろ実施したい」とするが、最大の目的である住民の避難まで含めた実地検証は、いまだされていない。

２００４年の衆院特別委員会。

「避難計画について自治体と詳細に話したことはあるか」

国民保護法に基づき基地周辺の住民が避難する場合の安全確保をめぐり、社民党の阿部知子衆院議員が井上喜一有事法制担当相をただした。「状況に応じて最善と思われる指示を都道府県知事がするだろうと思います」との井上氏の答弁に、阿部氏は「全く国民は安心できない」と断じた。

それから6年。人口も地理条件もまちまちな各市町村で、具体的避難方法をどうまとめるか模索が続く。米海軍厚木基地を抱える神奈川県大和市危機管理課は、「有事の際は市民が他市に避難することもある。近隣自治体や国、県と連携して対策を立てることが必要」と、一自治体での取り組みの限界を訴える。

市計画未作成の沖縄県沖縄市は「自治体ごとに地形や施設状況、人口構成も違うのに、計画内容は画一的。このままではむしろ混乱を招く可能性もある」と、計画の実効性さえ疑わしいとの見方だ。

消防庁国民保護室は「ようやく第1段階が過ぎた」と、道半ばの現状を認める。国民保護法により、市区町村は人口などを反映した具体的避難方法を作成することになっているが、消防庁国民保護室によると10年4月現在、全国1796市区町村の67％が未作成。十分な内容かどうかも「調査していない」という。

国民保護共同実動訓練　2005年度から10年度で実施済みは北海道、京都府、福井、茨城、鳥取、千葉、静岡、島根、愛媛、長野、岡山、山口、福島、石川、兵庫、徳島、熊本各県の17道府県。図上訓練は全都道府県が実施済み。

米艦船の民間港寄港

50 軍事化なし崩しの懸念

「島の平和」は、海から破られた。

2009年4月3日午前8時。沖合にぽつりと見えた在日米海軍掃海艦パトリオットの灰色の船影は次第に大きさを増し、石垣港（沖縄県石垣市）に入港、接岸した。

約1時間後、同じ掃海艦ガーディアンも停泊した。西表《いりおもて》や竹富島などを結ぶ離島船が行き交う港に米艦船が2隻並んだ。隣接する石垣市港湾課事務所2階から様子を眺めていた大浜長照市長（62歳）は、「異様な光景だ」と強いショックを受けた。

沖縄の本土復帰後、石垣港への米艦船入港は初めてだった。3月に米国側から「乗員の休養と友好親善」を目的に寄港を打診された大浜市長は、港内の過密な交通や市民の安全確保を理由に拒否したが、強行された形だ。

「自衛隊、米軍基地がなく、ヘリや戦闘機が飛ばない島を戦後60数年維持していた。民主主義や住民意志が黙殺される時代なのか」と、大浜市長は怒りをにじませる。さらに「日本全体が米国に

反対する住民らが抗議の声を上げる中、入港した米海軍掃海艦「パトリオット」＝2009年４月３日、石垣港

従属し、米国はどこでもいいなりになる状況をつくろうとしている。これは『地ならし』だ」と強調した。

寄港に反対する座り込みを実施した八重山地区労働組合協議会の大濱明彦前議長（49歳）は07年、今回の両艦船が与那国《よなぐに》島に初寄港した際も抗議行動を展開した。今回、身近な光景の中に現れた「灰色の船」に対し、「生まれ育った島が蹂躙《じゅうりん》された」と、従来とは違う感情がわいた。

大濱前議長は「住民として、何十年も続く島の平和、何百年も続く島の歴史を守りたいと思っているだけ。静かにしておいてほしい」と訴える。

両艦船は2日後の5日に出港した。来島していたケビン・メア在沖米国総領事は大濱前議長に「来年も来ます」と告げた。大濱前議長は

「寄港を日常化させてはならない。来るたびに市民が物を言わなければ」と語る。

横浜開港150年を祝う「開国博」中の2009年7月21日。横浜港の代表的観光スポット、大さん橋国際客船ターミナルに米海軍横須賀基地のイージス艦ジョン・S・マケインが入港した。

通常、米海軍艦船は横浜港内にある米陸軍横浜ノースドックを使用しており、大型客船が利用する大さん橋に接岸するのは極めて異例だった。「親善目的」（米海軍）の寄港とし横浜市側の歓迎式典も行われたが、労働組合や平和団体などからは「ピースメッセンジャー都市にふさわしくない」と、抗議の声が上がった。

外務省によると、09年に神奈川県内の民間港に寄港した米海軍艦船はマケインのみ。入港を許可した横浜市港湾局は「お祝いが目的。あくまで今回に限った話」と説明するが、宇都宮充子横浜市議（60歳）は「なし崩しに軍事利用される恐れがある。いかなる理由でも米艦船の使用を認めてはいけない」と、危機感を募らせる。

米軍艦船の民間港寄港

2005年10月に日米両政府が日米同盟・未来のための変革と再編に合意して以降、01年から05年の約2倍のペースに急増した。米軍と自衛隊は相互運用性の向上を目標に、港湾使用や共同訓練など各分野で連携を深める。07年は与那国島、09年は石垣島を初訪問するなど寄港先も拡大している。地元の合意を置き去りに恒常化しつつある。

51

米軍機の民間空港使用

地元に拒否の権限なく

２０１０年４月26日午後２時すぎ、大村湾の島を造成して造られた長崎空港（長崎県大村市）でのこと。

海上に浮かぶ滑走路に、見慣れない白いジェット機が滑り込んできた。米海軍所属の人員輸送機Ｃ40である。ボーイング７３７旅客機と同型だが、鮮やかに塗装された民間機とは違い、機体には横腹の２本線や番号以外、所属などを示す表示は見当たらない。

エプロンの一隅に駐機後、そばに白いバスとトラックが停車した。やがて20人ほどの外国人が機外に姿を現し、機体下部の荷室から荷物を取り出したり、トラックに荷を積んだりする作業を始めた。

約40分後、Ｃ40は次の目的地に向け離陸していった。バスとトラックは、高速道路などを通り１時間ほどの佐世保市にある米海軍佐世保基地に向かって、空港と本土側をつなぐ橋を渡った。

長崎空港は以前から、全国で最も米軍機の年間着陸回数が多い民間空港の一つに数えられていた。

長崎空港に着陸した米海軍のＣ40人員輸送機＝2010年４月26日午後２時10分、大村市

理由は、近辺に米軍用滑走路を持たない佐世保基地の存在だ。

市民団体リムピースによると、長崎空港は主に人員輸送に利用され、佐世保基地の物資輸送は、長崎とともに例年着陸回数で上位に位置する福岡空港（福岡市）が中心となっている。

50の有人島を抱える沖縄県。沖縄本島以外の離島に12の民間空港を設置しているが、米軍は１９７２年の本土復帰以降、８空港に計４７９回着陸した。その中でも抜きんでているのは下地島空港の３２３回だ。

米軍は２０００年、フィリピンでの合同演習バリカタンを再開した。参加する在沖縄米海兵隊は、ＣＨ46中型輸送ヘリコプターやＫＣ１３０空中給油機の給油を目的として下地島を使用した。さらに宮古や石垣、波照間と先島諸島各地の空港で使用実績を重ねてきた。

一方、普天間飛行場を飛び立ったＣＨ46ヘリは往路で離島空港を使用しながら、復路は米海軍佐世保基地所属の揚陸艦で搬送されるケースも多い。必ずしも「給油」が必要かという根拠が問われている。

米軍は２００１年以降、沖縄県の空港管理条例に基づく使用届け出書を提出しているが、そのたびに沖縄県や地元自治体は中止を求め、反発を広げてきた。だが日米地位協定第５条は「公の目的で運航されるもの」は着陸料を課さずに民間空港の出入りを認めており、沖縄県に拒否する権限はない。

２００７年以降の飛来は石垣の４回、宮古の３回と急速に減少したが、日常生活を空港に頼る離島住民は懸念を抱えたままだ。

米軍の民間空港着陸回数　国交省によると２００９年は総計３４９回。内訳は長崎１１１回、福岡74回、奄美66回など。長崎では２００２年まで年３００回を超える年もあったが、米軍の輸送部隊再編などの影響で急減し、２００４年以降は１００回前後で推移。

Ⅴ章　変貌する自衛隊

弾道ミサイル防衛（ＢＭＤ）

52 前線で進む日米連携

２００９年４月４日正午すぎ、「北朝鮮がミサイルを発射した」という情報が全国を駆け巡ると、すでに即応態勢に入っていた海上自衛隊横須賀基地の空気は、一気に張り詰めた。

しかし、追尾などにあたっていた海上自衛隊の幹部はこの一報を聞いて耳を疑った。

「おかしい。本当に大丈夫か」――宇宙から目を光らせているはずの米軍の衛星や高性能レーダーを持つ日米のイージス艦からは、探知情報が寄せられていなかったからだ。

予感は的中する。すぐに発射は誤報と判明した。原因は、防衛省と航空自衛隊による安易な人為的ミスの連鎖によるものだった。

本格的な弾道ミサイル防衛（ＢＭＤ）の実戦任務での失態に、海上自衛隊内からは「正直、航空自衛隊よりも米海軍と連携した方がいい」と嘆息が漏れる。

同じ自衛隊よりも米海軍との連携、こう言わしめる背景にあるのは、「ネイビー・トゥ・ネイビー」の強い結びつきがあるという海上自衛隊の強烈な自負心だ。

「米海軍との協力は完ぺきだった。発射から落下までトラック（追尾）できた」――翌4月5日、実際にミサイルが発射されると、海上自衛隊と米海軍は太平洋に着弾するまでの18分間、情報を提供し合い、ともに追尾を行ったという。

「必要があれば迎撃もできた」と強調する米海軍第7艦隊のジョン・バード司令官も、「日米同盟は優れた弾道ミサイル防衛には欠かせない。わたしたちが密接に運用して、それを実証している」と語る。

米海軍の協力の下、海上配備型迎撃ミサイル（ＳＭ３）を発射して、迎撃試験を行う海上自衛隊のイージス艦「こんごう」＝2007年12月、米ハワイ・カウアイ島沖（海上自衛隊提供）

迎撃ミサイル搭載型のイージス艦を所有し、弾道ミサイル防衛のメーンキャストを演じる海上自衛隊と米海軍。インド洋での海外任務などを通じて、「最も緊密なパートナー」（リチャード・レン在日米海軍司令官）と呼び合うまでに至った関係は、精緻《せいち》な連携を必要とする弾道ミサイル防衛で、さらに深化を遂げている。

だが、現場には〝壁〟も立ちはだかる。日本へのミサイルを日米両国で迎撃することはできても、米国を狙ったミサイルは、日本の憲法が禁じる集団的自衛権の行使にあたるため、自衛隊では撃ち落とすことができないのが現状だ。

「米国や米艦船が攻撃されると分かっていたら、見過ごすことはできない」――弾道ミサイル防衛の共同運用が、いずれ解釈の見直しに波及することになるとの指摘は、海上自衛隊関係者からあからさまに上がる。

東西冷戦の終結後、日本国内の安全保障環境は、既成事実の積み重ねや米側からの要請に応える形で、整備が進められてきた。国の根幹である憲法の解釈論議までも、現場で進む日米連携がけん引しつつある。

ミサイル誤探知騒動

航空自衛隊の弾道ミサイル監視レーダー（千葉県）が日本海上空で航跡を誤探知した。この情報が、米早期警戒衛星のものと誤って伝わるなどミスが続発した。さらにこれらの情報は緊急情報ネットワークシステム「Ｅｍ－Ｎｅｔ（エムネット）」で全国の自治体に伝わり、浜田靖一防衛相が謝罪する事態に至った。

●――離島防衛態勢強化

53 米と共同訓練、進む海兵隊化

顔を黒く塗った迷彩服の偵察隊員たちが、ゴムボートから音もなく海へと滑り込む。小銃を背負って波を立てずに泳ぎ、３００メートル先の浜に上陸すると、砂を全身にまぶしてカモフラージュする。周囲を警戒しながら、ボートで待つ仲間に合図を送り浜へ誘導した。

２００６年６月、長崎県佐世保市の陸上自衛隊相浦《あいのうら》駐屯地であった西部方面普通科連隊（西普連）の上陸訓練だ。ゲリラに侵略された島への潜入を想定した。全国の陸上自衛隊幹部が視察し、マスコミにも公開された。

相浦駐屯地に02年3月創設された西部方面普通科連隊は、九州沖縄地区の離島防衛と警備、災害派遣の初動対応を任務とする全国唯一の部隊だ。発足は、北方旧ソ連の軍事侵攻を想定していた冷戦終結後の自衛隊の、「西方重視」への転換を象徴した。

部隊の任務や性格は、同じく有事の初動対応を担う米軍の海兵隊と重なる。06年1月には米国カリフォルニア州の米海軍基地で、米本土では初の海兵隊と陸上自衛隊の共同実動訓練が実施された。

訓練で泳いで浜に上陸後、周囲を警戒する西普連隊員＝2006年６月６日、佐世保市、陸上自衛隊相浦駐屯地

陸上自衛隊は西部方面普通科連隊を主軸に１２５人が参加、海兵隊員が陸上自衛隊員に、ゴムボートを使った上陸作戦や銃を背負っての偵察泳法などを指導した。

06年6月の相浦での訓練は、その成果を披露する場だった。西部方面普通科連隊員のひとりは取材に、「米国での過酷な訓練で鍛えられ、泳ぎはかなりのレベルに達した」と胸を張った。

この後、陸上自衛隊と海兵隊の共同訓練は定例化した。07年以降の訓練には西部方面普通科連隊以外の部隊も参加している。西部方面普通科連隊が所属する陸上自衛隊西部方面総監部は「効果的な訓練施設がある米国で、経験豊富な米軍から知識、技能を吸収している。効果は現れている」と意義を強調する。

核開発を進める北朝鮮や軍備拡大の一途をたどる中国の動向を背景に進む、離島防衛態勢の強化。米海兵隊のノウハウは自衛隊に着実に浸透している。だが、その海兵隊が最も力を発揮するのは、専守防衛の国にはそぐわない上陸侵攻などの攻撃的局面だ。

「米軍との共同作戦を想定しているか」

「仮想敵国は?」

06年6月の訓練を指揮した西部方面隊の番匠《ばんしょう》幸一郎幕僚副長は訓練後、報道陣の問いを「いいえ」と笑顔でかわした。

西部方面普通科連隊　定員約600人。4つの中隊で構成する。普通科部隊は通常、方面隊指揮下の師団に属するが、西普連は西部方面隊直轄。管轄区域は大陸との国境海域に広がる長崎県対馬から沖縄県与那国島までの南北約1200キロ、東西約900キロに及ぶ。

●――沖縄　陸上自衛隊第15旅団

54 有事に対応、装備強化

肌寒い風が吹く２０１０年3月末の陸上自衛隊那覇駐屯地。第15旅団新編成に伴う観閲式で、北沢俊美防衛相は「南西諸島の地理的特性を踏まえ、ゲリラや特殊部隊による攻撃、島しょ部に対する侵略、大規模災害などに実効的に対処することが求められている」と、新たな防衛課題への対処を強調した。

米同時テロ後に策定された中期防衛力整備計画（２００５年から09年度）の組織改編で、特殊部隊を統括する中央即応集団（首都圏）の創設と、沖縄の第1混成団が国内唯一の「離島型」即応近代化旅団として格上げされたことは、抑止力から対処能力重視への転換を象徴する。

旅団化で化学防護、偵察、通信、衛生部隊を新設するなど、３００人増の２１００人体制に増強された。反怖《たんぷ》謙一団長は「今まで欠落していた機能が加わることは非常に心強い」と語った。

東西冷戦時代はソ連の脅威に対応し、北海道など北から順に最新装備が配備されたため、沖縄は「おさがり部隊」とも揶揄《やゆ》された。だが、ソ連侵略の可能性は薄まり、台頭する中国をにらんだ

「対処能力、機動性向上」のためとして軽装甲機動車をはじめ、多くの新装備が導入された＝2010年３月26日、陸上自衛隊那覇駐屯地

「西方」に脅威はシフトした。

旅団化に伴う「事態対処能力・機動性向上」を名目に多くの装備が配備された。

核・生物・化学（ＮＢＣ）兵器攻撃に備え、汚染地域を自由に行動できる装甲式の化学防護車を導入した。空気清浄装置が設置された車内で放射能測定やガス検査器などで汚染状況を把握、一歩も外に出ることなく機械で汚染土などの採取もできる。

また、陸上自衛隊のイラク派遣でも使われた軽装甲機動車40両と、人員輸送用の10人乗り高機動車40両も新たに配備された。

これまでの主な人員輸送手段はトラックやバスだった。高機動車は「敵のレーダーに発見されにくい上、山間や離島での展開力が大きく向上する」と15旅団幹部は言う。

１９９６年、モンデール駐日米大使が「尖閣《せんかく》諸島は日米安全保障条約の対象外」と在日米軍の関与を否定し、日本側の抗議で撤回したが、「米側はまだ対応を決めていない」（米外交筋）のが実情だった。

尖閣諸島をめぐって、中国漁船衝突事件で日本政府の対応が注視されていた２０１０年9月23日、クリントン米国務長官はニューヨークで会談した前原誠司外相に対して、尖閣諸島が米側の日本防衛の義務を定めた日米安保条約第５条の適用対象になるとの見解を伝えた。ところが、クローリー米国務次官補はその日の記者会見で、「米国は立場を明確にしない」と述べ、尖閣諸島の領土問題に直接関与しない米国の立場を強調した。

急患搬送も行う15旅団だが、輸送ヘリはＣＨ47が2機で、緊急時の展開能力には限界がある。尖閣有事などの際は、中央即応集団や九州の西部方面隊からの増援を想定する。旅団化で司令部機能も備わり、支援部隊への指示も容易となった。幹部は「これまでは、有事に対応できる組織とはいえなかった。形は整った。連携と錬成で運用能力を高めたい」と語る。

陸上自衛隊第15旅団

東西約1千キロ、南北約４００キロに浮かぶ有人島50を含む１６０の島々をもつ沖縄の陸上防衛、警備にあたる。２００８年から米本土での海兵隊との共同訓練、米軍キャンプ・ハンセン（金武町）での共同使用も始まった。

中央即応集団

55

「命懸け」の気概、平時から意識

「陸上自衛隊で最初に死ぬのは、われわれだ。覚悟してください」

陸上自衛隊の目玉組織として2007年3月に誕生した中央即応集団（CRF）、その中核部隊である中央即応連隊（中即連、栃木県・宇都宮駐屯地）のトップ・山本雅治連隊長は、700人の隊員にはもちろん、その家族を集めては、右のように訴え続けた。

求めるのは、覚悟だ。

イラク派遣を教訓に、大地震などの国際緊急援助や平和維持活動などの海外派遣の際、先遣隊を担う陸上自衛隊初の専門組織である。文字通り、平時から「即応体制」が要求される。

「命を懸けるぐらいの気持ちでやらないと任務は達成できない」と話す山本連隊長。隊員には「世界一を目指せ」と指導し、「常にすべてを準備しておかないといけない。当然、家族の理解も重要となる」と語る。その士気の高さは、駐屯地のいかめしい〝門構え〟からも、見て取れる。

入り口で不審者に目を光らせる迷彩服姿の隊員たち。鉄帽、防弾チョッキ、弾倉。装備の重量は

海賊対策でジブチから帰国し整列する陸上自衛隊中央即応連隊（右）と海自隊員。自衛隊初の統合任務による海外派遣だった＝2009年10月12日、厚木基地

20キロにも及ぶ。肩にかけた89式小銃の銃口は地面に向けられているものの、隊員の指が引き金周辺から離れることはない。

中央即応連隊では平時の警備も訓練の一環である。「最も高い脅威度」を想定し、平素から完全装備で対処しているのだ。

黄熱病、日本脳炎……。隊員は特別に予防注射を接種する。普段からイラクやアフガニスタンの脅威を想定した訓練も繰り返す。

09年5月には初めて海外に足を踏み入れた。東アフリカのソマリア沖の海賊対策のため、ジブチに派遣された海上自衛隊の哨戒機が警備任務についた。

山本連隊長は「モチベーションの維持は難しい。実際に（海外に）出るとの実感が隊員に広がり、隊としてはありがたい作戦だった」と振り返る。

これに続いて、２０１０年１月に大地震で被害を受けたカリブ海のハイチでの国連平和維持活動（ＰＫＯ）の第１陣も担った。

２０１０年２月、米太平洋海兵隊のキース・スタルダー司令官は講演で、「ポジティブな物語」として、笑顔で次のようなエピソードを披露した。

「同僚が陸上自衛隊の幹部から『リンクアップしたい』との電話をもらった。両チームがハイチで協力していることは素晴らしい」

そして、こう呼びかけたのだった。「良好な関係を世界に示す時が来ている」と。

在日米軍再編に伴い、中央即応集団司令部は２０１２年度までにキャンプ座間（座間、相模原市）に移駐する計画だ。すでに発足している米陸軍第１軍団前方司令部と併置され、連携強化が図られる。着実に経験を積み重ねる陸上自衛隊は、まだまだ変容過程の途上にある。

中央即応集団　海外活動が本来任務化したことを受け、国際平和協力活動やテロ対処のため発足。生物化学兵器に対処する中央特殊武器防護隊や、国内任務では各方面隊の増援部隊、国外任務では先遣隊の役割を担う中央即応連隊などで構成する。総数は約４千人。現在の司令部は朝霞駐屯地（東京都）に置く。

海外派遣①

56 戦時海外派遣への道開いた対テロ特措法

「湾岸戦争の時は金しか出さず、ぼろくそ言われた経験がある。日本としても目に見える貢献をすべきだと思っている」

米中枢同時テロから4日後の2001年9月15日。動揺広がる米ワシントンの国務省内で、リチャード・アーミテージ副長官と向き合った柳井俊二駐米大使は、「個人の意見」と断りながら、こう語りかけた。

この非公式会談での支援意向こそが、後に2010年まで続くことになる「テロとの戦い」への自衛隊派遣の源流だ。

イラクのクウェート侵攻による湾岸危機（1990年8月）の際、柳井大使は外務省の条約局長として、国連平和協力法案を起草した。多国籍軍への自衛隊の後方支援を可能とし、その年の10月に国会に提出されたものの、野党から「憲法9条に抵触する」との猛反対に遭い、翌月廃案となった。

テロ特措法に基づき、イージス艦として初めてインド洋に向けて出港する「きりしま」＝2002年12月16日、海上自衛隊横須賀基地

柳井大使は、これを下敷きにテロ対策特別措置法を立案したと言う。「戦時下での初の海外派遣」の背景には、「湾岸の教訓」があったというわけだ。

２００１年10月に成立した旧テロ特措法で、日本の安全保障政策はいともたやすく、大きな転換を迎える。

湾岸戦争後のペルシャ湾への掃海艇派遣に始まる自衛隊の海外出動は、それまでいずれも国際貢献や人道支援の目的で実施されてきた。政府は米軍などの武力行使と分離された「憲法の範囲内」の活動と説明していた。

だが旧テロ特措法は、米中枢同時テロの衝撃も冷めやらぬ間に成立した。日米同盟を重視する小泉純一郎首相は「(国際協調をうたった）憲法前文と9条の間のすき間」で「日本ができることをやろうかと考えている」と述べ、戦時海外派遣への道を開いた。

２０１０年１月の新テロ特措法期限切れまでに、海上自衛隊佐世保基地は、補給艦を中心に全国最多の延べ27隻をインド洋に派遣した。海上自衛隊横須賀基地からも護衛艦など延べ17隻が出港。インド洋への〝出撃拠点〟となった。

海上自衛隊の艦船は21カ国の艦艇を支援、このうち米国には他国を大きく引き離す４０２回の給油を実施した。アフガニスタンで軍事作戦を展開していた米軍の艦船への給油など、憲法が禁じる「武力行使との一体化」があったのではないか、との疑念は残る。

20年にわたる自衛隊の海外派遣と憲法をめぐるせめぎ合い。「目に見える貢献」を追求した柳井大使は、「湾岸危機当時の議論は結果的に無駄ではなかった。何より当時と比べ、世論も大きく変化した」と、感慨を語った。

テロ対策特別措置法　米中枢同時テロに伴う米軍などの軍事行動に対し、自衛隊の後方支援を可能にするために２００１年10月に制定された時限立法。海上自衛隊の艦船が米軍艦船への燃料補給などを実施した。改正を経て３回期限が延長され、２０１０年１月に失効した。

海外派遣②

57 イラク派遣で吹き出す改憲論

「安全確保を第一に、イラク人との心の懸け橋をつくってほしい」

２００５年７月30日、福岡県春日市の陸上自衛隊福岡駐屯地であった、陸上自衛隊第７次イラク復興支援群の隊旗授与式で、大野功統防衛庁長官が出席した派遣隊員ら約６００人を前に、右のような訓示を述べた。

２００３年成立したイラク復興支援特別措置法に基づく陸上自衛隊のイラク・サマワ派遣は、04年１月の１次群からスタートした。７次群は九州北部を管轄する第４師団を中心に編成された。折しも直前の６次群駐留中の05年６月、自衛隊の車列を狙った爆発事故が発生した。宿営地への迫撃砲攻撃は10回を超えていた。

大野長官から真新しい隊旗を受け取った７次群長は、陸上自衛隊大村駐屯地（長崎県大村市）第16普通科連隊の岡崎勝司連隊長だ。終了後の会見で現地の治安について「従来より、やや厳しい状況にある」と不安をのぞかせた。

大野防衛庁長官（壇上右）から隊旗を受け取った陸上自衛隊第７次復興支援群の岡崎群長＝2005年７月30日、春日市の福岡駐屯地

サマワに派遣された関東地方の陸上自衛隊隊員のひとりは、「過酷な環境だった」と、当時を振り返る。

気温は50度を超え、屋外に置いていた１００円ライターは「ボン」と音を立てて爆発した。砂嵐が舞うと、風に乗った菌類が体内に入るため、多くの隊員が下痢に見舞われたという。

非戦闘地域にしか派遣されないはずが、いや応なしに〝戦地〟の現実にもさらされた。宿営地内に撃ち込まれるロケット弾に、「交戦」という言葉が現実味を帯びた。

先の隊員は「今後も海外派遣をするのならば、いずれ憲法改正は必要だ。手足を縛られたままでは身を守れない」と、戦後の長期間にわたってタブーとされてきた憲法９条の改正を、冷静な口調で語る。

第２次世界大戦末期、国内で唯一、住民を含む多数の犠牲者を出す地上戦を経験した沖縄。沖縄県出身隊員８人が陸上自衛隊イラク派遣に参加したが、「戦地」への派遣に根強い批判があり、「第１号」となった隊員は匿名を希望した。自ら手を挙げて参加した隊員らは帰国後、「時代は変化している。自分の経験を部下に伝えたい」と意義を強調した。

「海外での武力行使」を禁じた憲法上、疑念が残る自衛隊の海外派遣を限りなく許容し、揺らぐ平和憲法の理念。一方で自衛隊員は、異郷の地で身の危険と向き合った。

憲法と自衛隊双方の〝危機〟の根元で、正面からの憲法論議に踏み込まない政治のあり方が問われている。

自衛隊イラク派遣　多国籍軍とともにイラクの戦後復興支援活動を展開した。陸上自衛隊は２００４年から06年、10次にわたる派遣群が給水や道路修復を実施した。航空自衛隊は04年から約５年間、陸上自衛隊や多国籍軍の兵員、物資輸送に当たったが、名古屋地方裁判所が08年、航空自衛隊の一部活動は違憲とする判断を下した。

58

与那国島と自衛隊

誘致の背景に島の事情

台湾と100キロほどしか離れていない日本最西端の沖縄県与那国町《よなぐに》。町は2009年になって自衛隊誘致に乗り出した。沖縄戦の体験から反自衛隊感情が強いとされる沖縄だが、与那国島では何か変化が起きたのか……。

誘致派のひとり、崎原孫吉町議会議長（67歳）は「変わったのはむしろ国だ」と言う。沖縄戦の被害がほとんどなかった与那国島では、20年ほど前から自衛隊誘致の動き自体はあった。以前は国側が無反応だったが、最近は自衛隊関係者が誘致派を訪ね、「部隊には看護師もヘリも配備する」と、医師がひとりしかいない島への配慮まで示しているという。誘致派のひとりは「海外に行き自信もついたから、国内でも存在感を、ということだろう」と言う。

一方で島にも変化はあった。戦後密貿易で栄え、かつて1万人を超えた人口は、現在約1600人。与那国町は04年に、近隣との合併に活路を求めたが、住民投票で否決された。前町議の安里與助さん（67歳）のように、「対馬（長崎県）は基地があっても人口が3分の2になった」と指摘する

晴れた日には台湾が見える「日本最西端の碑」の前で、北沢防衛相（右から３人目）に島の状況を説明する外間町長＝2010年３月26日、沖縄県与那国町

声はあるが、誘致派の多くにとって自衛隊は、目先の人口を増やす手っ取り早い手段だ。

「反対派は批判するが、何も戦争がしたくて自衛隊を誘致しているわけじゃない」と崎原議長。台湾との交易や大学誘致など「自衛隊以外のやり方を考えなかったわけではない。だがそれをやれる人材は島を出て行ってしまった」と、悩ましげだ。

急浮上した自衛隊誘致の背景は、国防論というより国や島の事情の変化が大きい。

石垣市の中山義隆市長は２０１０年５月、民間ボランティアの自衛官募集相談員を自衛隊沖縄地方協力本部と連名で委嘱した。石垣市企画調整室によると、石垣市は復帰以降、相談員への連名委嘱や募集業務を拒んでおり、中山市政が初のケースだ。

委嘱は、協力本部の申し入れを受け、中山市長が判断した。「人道支援や国際貢献のほか、地元とは防災時の協力関係もあり、自衛隊の活動が市民に理解してもらえる」と、調整室は市長の考えを説明する。自衛官の募集業務も沖縄県や他の市町村、協力本部に習い、実施する方針だ。

自衛官募集業務については復帰後間もない1970年代、沖縄戦の悲惨な体験から反戦平和、憲法の平和主義を貫くため、当時の革新県政、革新市町村は「軍隊である自衛隊は憲法違反」として業務を拒否してきた経緯がある。

しかし、80年から保守県政が募集を始めると、市町村の割合も80年の約28%から94年約62%、99年約74%、2009年約80%と次第に増えている。

ただ、募集業務は募集期間の告知やポスター掲示などにとどまるケースが多く、「市町村が窓口を設けて積極的に勧誘する状況にはない」（労働組合関係者）と、市町村の業務受託と世論の変化には直接関係がないとの見方もある。

自衛官募集業務　自衛官（2等陸海空士）の募集にあたり、都道府県が行う募集期間の告示や、市町村を窓口にした志願票受理、それに関係する広報活動などの総称。自衛隊法第97条などで自治体の法定受託事務と位置づけられており、経費は国が負担する。

59

銃携帯のパレード

銃装備の行進、「反対」の叫びに孤立感

笑顔で日の丸の小旗を振る家族連れと、「軍事パレード反対」のシュプレヒコール。２００９年９月12日、対照的なギャラリーが沿道に入り交じった佐世保市中心部のアーケード街を、音楽隊の先導に続き、迷彩服の一団が一糸乱れぬ行進を繰り広げた。肩には一様に小銃が携えられていた。

陸上自衛隊相浦駐屯地の西部方面普通科連隊の１８５人だ。パレードはこの連隊が発足した02年以降、ほぼ毎年実施されている。初開催の年、このパレードをめぐり、ある議論が巻き起こった。

地元経済界などでつくった当時の実行委員会の計画では当初、実弾を装てんしない小銃を装備し、人通りの多いアーケードを行進する予定だった。これに佐世保市は「重装備は市民に抵抗感がある」と小銃不携帯を要求した。最終的に実行委員会は「多様な市民感情に配慮」するとして、銃不携帯をのんだ。

「野球でバットを持たずにバッターボックスに立つようなもの。不本意だった」と当時、実行委

反対のシュプレヒコールの中、小銃を肩に行進する陸上自衛隊員＝2009年９月12日、佐世保市島瀬町

員長を務めた中村克介氏（65歳）は、今も残念そうに振り返る。

戦前からの海軍の町で艦船は見慣れた市民だが、陸上自衛隊の〝実戦部隊〟パレードはそれまでなかった。米中枢同時テロ直後、政府・与党の有事関連法案の国会提出も間近とされ、佐世保市の姿勢には無用の混乱を避けたい本音が見え隠れした。

しかし翌03年、フル装備の行進はいとも簡単に実現する。自衛隊記念行事の一環に趣旨が変わり、コースも国道に移ったことで、佐世保市は「異論を挟む立場にない」状態になったのだ。

05年から会場はアーケードに戻ったが、銃を装備した行進は続いている。

２０１０年９月にも実施され、相浦駐屯地

の北村昌也司令は「国民の負託を受け、銃を持っている。真の姿を見てほしい」と、銃携行での行進の意義を強調する。

パレードで毎回、抗議活動を展開する共産党の山下千秋市議は、「本来違憲の自衛隊の認知を迫る、政治的効果を狙っている」とパレードを批判するが、一方で「周りは日の丸の旗を振っての歓迎ばかり。孤立感はある」とも漏らす。

佐世保市での陸上自衛隊パレード　離島有事の即応部隊として２００２年に創設された西部方面普通科連隊を歓迎しようと、02年の市制施行１００年に合わせて４月に初めて開催。台風で中止した06年を除き、03年以降は毎年秋に実施されている。

防衛大学校

60 〝日陰者〟から半世紀へて表舞台に

「志望動機に国際貢献を挙げる受験生はもう珍しくない」――幹部自衛官を養成する防衛大学校（横須賀市）で、入試で面接官も務める国際関係学科の武田康裕教授（アジア安全保障論）はそう実感する。

入学してくる幹部候補生にとって、海外派遣はもはや特別な任務ではない。4年の男子学生（22歳）は「他国軍隊が当たり前に行っている任務。他国に日本の存在感を示すいい機会だ」と語り、別の男子学生（22歳）も「自国防衛と国際貢献は不可分。他国を守ることは国益につながる」と口をそろえる。

自衛隊の海外派遣とともに、防衛大学校でのカリキュラムも変化した。例えば、他国の歴史や文化を学ぶ「地域研究」は理工学系も含めたすべての学生の必修となり、英語やロシア語、中国語、フランス語などから選択する「語学」には、アラビア語が加わった。

武田教授は「国内でネガティブな世論や見方が減り、追い風が吹くようになった」と指摘する。

海外で武器を使った例がなく、犠牲者を出していないことが自衛隊の海外派遣に対する世論を変化させたというのだ。

「ひとりでも犠牲者を出せば、日本のＰＫＯ（国連平和維持活動）は二度とないと覚悟していた」

２０１０年の５月中旬、部隊隊員の教育機関である海上自衛隊第２術科学校（横須賀市）で、海

防衛大学校卒業式で帽子を高々と放り投げる幹部候補生ら＝2010年３月22日、横須賀市走水

士ら約１９０人を前にＯＢが口角泡を飛ばしていた。右の発言は１９９１年の自衛隊最初の海外実任務で、ペルシャ湾掃海艇派遣部隊の指揮官を務めた落合畯《たおき》氏（70歳）だ。

　それまでの資金提供だけの日本の貢献を他国軍隊から痛烈に批判されたエピソー

ドを引き合いに、落合氏は「血を流すことを望んでいる国はない。日本に求められているのは、ともに肩を組んでリスクを分担する姿勢なのだ」と続けた。

掃海艇派遣以来、カンボジアや中東・ゴラン高原のＰＫＯ、インド洋の給油活動、東アフリカ・ソマリア沖の海賊対策……。国際貢献と対米支援を名目に急速に活動範囲を広げる自衛隊。政府の憲法解釈は海外での武力行使を認めていないため、活動は後方支援や人道復興支援などに限られているのが現状だ。

「海外派遣はますます増える。装備の充実と法的裏付けを整えるべきだ」と落合氏は強調する。幹部候補生も「自衛隊は能力を生かし切れていない。他国の軍隊に劣ることは日本の安全保障が他国より劣っているのと同じ」と語る。

１９５７年の防衛大学校第1回卒業式。旧安保条約にたったひとりで署名した吉田茂元首相は、壇上からこう訴えかけた。

「君たちが日陰者であるときのほうが、国民や日本は幸せなのだ。どうか耐えてほしい」

あれから半世紀余り。自衛隊のあり方が、今あらためて問われている。

ペルシャ湾掃海艇派遣　自衛隊最初の海外実任務。湾岸戦争後の１９９１年4月、自衛隊法99条を根拠に海上自衛隊の機雷掃海艇がペルシャ湾に派遣され、１８８日間で34個の機雷を除去した。湾岸の夜明け作戦とも呼ばれる。翌92年6月には、ＰＫＯ協力法が成立した。

Ⅵ章　識者インタビュー

米軍の常時駐留こそ抑止力

柳井　俊二さん
（元駐米大使）

やない・しゅんじ＝1961年に外務省入省。内閣官房国際平和協力本部事務局長、外務省総合外交政策局長、事務次官を歴任。99年９月から約２年間、駐米大使。安倍首相が設置した私的諮問機関「安保法制懇」の座長を務めた。現在は国際海洋法裁判所判事。73歳。

東西の冷戦終結で、日米安保は不要になったとする人がいたが、全くの間違いだ。確かに、ヨーロッパでは「敵」がほとんどいなくなったが、北東アジアの安全保障環境はむしろ悪化している。朝鮮半島はいまだ分断され、中国と台湾の関係も冷戦の産物といえる。北朝鮮は近い将来必ず核兵器を持つだろうし、中国も軍事費を増やしている。

日本はこれまで、足りない部分を日米同盟で補い、「バランス　オブ　パワー」を保ってきた。だからこそ平和の中で生きてこられた。自衛力の充実はもちろんだが、核武装は現実的でない。だとしたら、米国の強大な軍事力による抑止力を維持する必要がある。

（鳩山前首相らが主張する）「常時駐留なき安保（有事駐留）」は間違い。戦争が起こってから「助けてくれ」という考え方だが、一度でも侵略されれば日本は大変な被害を受ける。大切なのは有事を起こさせないようにすることで、これが抑止力だ。そのために普段から米軍が駐留していないといけない。

普天間問題をめぐる民主党政権の議論を聞いていると、あたかも米国のためにやっているような感じを受けるが、一番の受益者は日本。日本のために米軍にいてもらっているわけだ。

1990年に湾岸危機があった。だが、日本は平和ボケしていて危機と感じなかった。ただ、そのとき初めて国会で憲法解釈を議論し、辛うじてPKO（国連平和維持活動）法につながった。国内世論も変化して、米中枢同時テロ後は素早く自衛隊を出すことができた。

ただ、それでもまだ十分目覚めていない。

安倍首相が設置した私的諮問機関で座長を務め、（「公海上での米艦船防護」など4類型で）集団的自衛権の行使を求める報告書を作った。

日本は戦後、国力も回復し、国際責任も重くなった。にもかかわらず、憲法9条の解釈は不変だ。確かに集団的自衛権は歴史上、乱用された事実もあるが、世界中で行っている米国の武力行使に付き合うという話ではない。ただ日本を守っている米軍が攻撃を受けても、集団的自衛権の行使になるから「知りませんよ」では、まったく常識に反する。

海兵隊の抑止力など鳩山前首相がしていたのは幼稚園の議論。われわれがしているのは大学院の議論だ。確かに政治状況が変わらないと動かないかもしれないが、悲観はしていない。報告書が一つの下敷きになる。今度、解釈変更議論が表面化したら、（実現は）早いと思う。

五百旗頭《いおきべ》　真さん
（防衛大学校長）

いおきべ・まこと＝京都大学院法学研究科修士課程修了。米ハーバード大客員研究員、神戸大教授などを経て、小泉首相に請われて2006年から防衛大学校長。福田首相の私的懇談会の座長も務めた。専門は日本政治外交史。66歳。

日米同盟を基軸に対中協調

西洋列強に並び立つ存在として認められるきっかけとなった日英同盟でさえ20年間。日米同盟は旧安保条約も含めれば50年近くとなり、還暦の長さだ。これだけ長期に同盟関係が続くというのは、国際関係の中でも極めて珍しい。戦前の日米関係は、ペリー来航から「初期友好」が続くが、日本が旺盛に学び、日露戦争に勝利したことで「協調と対抗」の入り交じった関係となった。そして第3段階として満州事変から「破局」に向かう。

戦後も同様、米国が日本の復興をサポートする「初期友好」関係があった。沖縄返還でピークを迎える一方、ニクソンショックや経済摩擦など対抗関係も顕在化した。ただ、東西冷戦下でソ連の脅威がある中、日本は横須賀に空母、沖縄に海兵隊という形を崩さなかった。「協調と対抗」の第2段階であった。

転換は冷戦終結後の1990年代。安保不要論も浮上したが、朝鮮半島の核危機、台湾海峡ミサイル危機などを経て、両国は96年にアジア太平洋の安定化装置として日米安保を「再定義」した。戦前の「破局」とは逆に「成熟」に向かったわけだ。

鳩山政権が普天間問題をめぐり、8カ月間沖縄県民に過大な期待を持たせたことは不幸であった。だが、最終的に抑止力を認識し、日米同盟の原点に立ち返ったのは立派だった。もし、日米同盟が空洞化したら、中国にとっては海洋支配のチャンスとなるだろう。

先日、東シナ海から太平洋へ、中国艦隊10隻が南西諸島を横切った。ただ武断的行動一辺倒ではなく、中国も日米両国との関係悪化は望まない。温家宝首相はガス田共同開発に向けた交渉を始めると表明した。

経済躍進を背景に軍拡を行う中国にどう対処するかは重大懸案だ。「帝国主義時代とは違い、力による現状変更は通用しない」とのメッセージを日米共同で発しつつ、中国の協調姿勢を引き出さねばならない。アジア諸国も日米同盟という安定装置を望んでいる。

菅首相が日米同盟を最重視すると発言したのは正しい。次いで中国との関係をも重視するのも正しい。あくまで第一に日米同盟。「日米同盟＋日中協商」を目指すべきだ。中国とは結婚ではなく、いい友達という関係が望ましい。そして、自衛隊は①国防、②内外の災害派遣、③国際平和協力活動――で活用すればいい。特に③は世界の潮流になっている。日本は、民生支援は得意分野。イラク派遣などでも大変な評価を受けた。そこで大いに羽ばたけばいい。

米軍への頼りすぎは危険

せばた・たかお＝国際関係学博士。専門は日米関係論、米国の政治・外交。米デンバー大学大学院博士課程修了。インターナショナルパシフィック大学（ニュージーランド）助教授などを経て2005年から長崎県立長崎シーボルト大学（現在の長崎県立大学）教授。59歳。

瀬端　孝夫さん
（長崎県立大学大学院国際情報学研究科長）

冷戦終結後の約20年間、自衛隊、防衛庁（省）は在日米軍を含め、自らの存在理由をどう見いだしていくかを考えてきた。帰結が国連平和維持活動（ＰＫＯ）への積極的参加や自衛隊の海外派遣。国土防衛というより、組織の論理がある。

歴代自民党政権は、日本の防衛を考えるよりも、対米関係があって防衛政策があると考えてきた。世論も自衛隊を容認し、１９６０から70年代に比べ保守的になってきた。日米安保を支持する人は「安保があったから日本はここまでやってこられた」とするが、果たして本当にそうなのか。

70年代に安保は機能していなかった、という見方がある。実際に「有事の時に何もできない」として有事法制などをつくってきた。それ以前は中身がなかったからだ。安保があったから平和なのか、ソ連や中国に侵略の意図がなかったから平和なのか、検証してみる必要がある。

今後、例えば中国との領土問題で、米国が国益を懸けてまで日本側につくかは疑問。日本の頭越しに米中が手を握ることはあり得る。あまり安保を頼りにし過ぎると、足元をすくわれることがあるのではないか。北朝鮮との問題も、今のままでは拉致問題は解決できない。現実的に関係を改善し、以前の中国のような形で経済を開放していき、資本主義の道に導くしかない。

米軍普天間基地の問題は、条件なしで米軍に撤退してもらうべきだ。海兵隊はどこにいても機能できるとされる。だが米国としては、思いやり予算があるから基地を絶対に手放さない。それをどう整理縮小するか。「事業仕分け」を最初にやらなければならないのは、思いやり予算だ。

これからは外交的に中国、インドなどとの関係を良くしていかなくてはならない。長い目で見た場合、日米双方の利益になる。今までの65年間は米の国益がまずあって、それを満たすための日米関係だった。

石原慎太郎さんが言っているが、一国の首都に外国の軍隊がいるのは日本ぐらい。おかしいと思うべきだ。日本の国益を堂々と述べ、基地を縮小する努力をしないと、半永久的に、米国のために米軍が居座る構図が続く。

米軍が日本にいるのは日本が軍事大国化しないためという、いわゆる「瓶のふた」論は米国やアジアに今もある。日本が信頼されていないのは残念。外交と軍備縮小により日本が脅威でないことを示し、経済を含めた集団的安全保障で対処していく以外にない。

安保と核廃絶の両立を

日本は防衛大綱や新ガイドライン（日米防衛協力のための指針）で、米国の核抑止力に頼ることを明記している。米国の「核の傘」と日米安保は、切り離せない関係にある。

われわれ非政府組織（ＮＧＯ）は被爆者とともに核兵器廃絶を訴えている。オバマ米大統領をはじめ、究極的に核兵器を廃絶しなければならないという国際的規範は確立されている。被爆者らは短い期間で、オバマ大統領などは長い期間で実現を考えている。

他国の核保有が続く限り米は核抑止力を使い続ける。ここに事の本質がある。現状はまだまだ、核による軍事力を背景にしたパワーバランスで国際政治が動いていくとみられる。

その時日本はどうあるべきか、が課題となる。簡単にいえば、パラダイムシフト（価値観の革命的転換）を起こさなければならない。国際社会は経済的にグロー

朝長《ともなが》 万左男さん
（核兵器廃絶地球市民長崎集会実行委員長）

ともなが・まさお＝医師。長崎市で２歳の時被爆。長崎大原爆後障害医療研究施設教授などを経て、2009年から長崎市の日赤長崎原爆病院長。核戦争防止国際医師会議（ＩＰＰＮＷ）長崎支部長。2010年、自治体とＮＧＯによる「核兵器廃絶―地球市民集会ナガサキ」の実行委員長に就任した。67歳。

バルネットワークが構築されている。核兵器を保有しながら相手をけん制するような時代ではない。日本が先頭に立って核抑止論を脱却してほしい。

外務省は「考え方は分かるが、現在の北朝鮮の状況などを考えると（核兵器廃絶を）行動に移す時期ではない」とする。背景に北朝鮮の核の脅威・中国の軍備拡張をどうみるか、という問題がある。極東の安全保障上、日米安保はあった方がいい。ただその場合でも、核の傘から脱し、通常兵器による防衛で対処すべきだ。

国民世論においても、非核三原則への支持は高い。日米安保条約も大方はあった方がいいと考えている。北朝鮮、中国と本格的に事を構えることを望む国民は少ないが、政府はミサイル防衛（MD）などに取り組んでいる。結局は対立を助長する。軍拡競争に陥ることを避ける必要がある。

核抑止論のくびきから脱却し、唯一の被爆国として日本が極東の非核化を目指してリーダーシップを取ってほしい。その方が早期の核兵器廃絶に近づく。安保条約で日米の絆を半永久的に維持しながら、核の傘からは脱却した方が、極東に平和が訪れる。

「核の傘からは出た方がいい」と言うと、外務省は「じゃあ、安保条約はどうするんだ」と反論する。核の問題で日米安保を揺るがせたくない、という考え方が根元にある。核拡散防止条約（NPT）再検討会議（2010年5月）でも、日本政府はほとんど有効な提言ができなかった。核兵器廃絶に向かう一歩を踏み出す決断ができていない。

佐藤　学さん
（沖縄国際大学教授）

さとう・まなぶ＝早稲田大学卒。米国ピッツバーグ大学政治部大学院・同大講師を経て、2002年から沖縄国際大学教授。著書に『米国型自治の行方―ピッツバーグ都市圏自治体破綻の研究』『米国議会の対日立法活動―1980から90年代対日政策の検証』など。52歳

安保に対する思考停止からの脱却を

国民が「全面講和か、日米安保か」の選択を迫られた60年前、憲法９条を守り米国と軍事同盟を結ばない反安保の立場は、実は親ソビエトだった。

１９５０年から60年代はソビエトの「理想の国造り」を人々が信じていた時代。安保容認派と反対派は「親米」か「親ソ」かという対立に置き換えられた。親ソへとかじを切っていたらどうなっていたか。その後の歴史を見れば答えは出ており、当時の選択自体が間違いであるとは言えない。問題は反安保つまり米国批判が、親ソビエトや親中国になってしまった点にある。極端な議論は日米安保体制の硬直状態を生み、冷戦終結後20年がたった今もその枠組みから抜け出せない状況をつくった。今につながる安保問題について容認派はもちろん、批判する側の問題も非常に大きい。

その結果、沖縄は安保の矛盾を50年間抱

え込まされてきた。在日米軍基地のほとんどが集中し、争点隠しの存在となった。それが政権交代とそれに伴う米軍普天間飛行場移設問題の再浮上ではっきりした。つまり安保体制を多くの国民が支持しながら、そのため存在する米軍基地を引き受けるのは嫌だという矛盾が見えた。国民は、米軍基地を沖縄という地方に置くことで安保の負担を避けている。一方でその後ろめたさから、再編交付金や数々の振興策として基地に絡んだ「カネ」を沖縄に落としてきた。

民主党・鳩山政権は隠されてきた争点を全国にさらした。だが結局は、再び沖縄に押し込める結論に至った。背景には安保体制を維持し続ける中で機能を失った日本の外交システムがある。

普天間移設問題に失敗した鳩山由紀夫前首相は退陣後、「(県外移設に) 外務省も防衛省も非協力的だった」と語った。米国側も「外務省がイニシアチブを取ったら正しい結論に戻った」と鳩山政権を総括している。

日米同盟のあり方を見直すと公約した「政治」でなく、日米安保から出たくない「官僚」の思惑に沿って導き出された結論だ。外交問題に政治が機能していないという事実であり、戦前回帰すら懸念される危機的な状況にあると言える。

安保体制は半世紀以上にわたる外国軍駐留だけでなく、安全保障や外交問題について思考停止する国民の思想にも影響を及ぼした。結果、米国の属国的恩恵の上で惰眠をむさぼるか、中国脅威論など隣国を敵対関係でしかとらえられない極端な思想がはびこる。日米安保体制がどうあるべきかを、現実的な国際情勢の中で見直す時期だ。

おおた・まさひで＝早稲田大学卒、米シラキュース大学大学院修士（ジャーナリズム）。琉球大学教授を経て沖縄県知事（1990から98年）、2007年まで参議院議員。『総史沖縄戦』『沖縄の民衆意識』『こんな沖縄に誰がした』など著書多数。85歳。

大田 昌秀さん
（大田平和総合研究所主宰）

時代を超えて沖縄差別続く

時代を超えて沖縄の存在を無視した軍事優先が貫かれている。

廃藩置県に伴い琉球王府を処分した明治政府は、陸軍分遣隊を那覇に配備すると通達した。琉球を外寇《がいこう》から保護する、という建前だった。

琉球は抵抗した。平和を国是として貿易立国を志向した小王国は長期にわたり戦乱に巻き込まれることがなかった、と主張して軍事化を拒んだ。

琉球は現在の平和憲法を先取りする形で一切の武器を廃棄し、平和国家を志向した歴史的伝統があった。中国との朝貢《ちょうこう》を通し、また東南アジア諸国との貿易を盛んにして友好関係を樹立したことで琉球の平穏を維持してきた。

しかし、明治政府から差し向けられた処分官は「人民の安寧《あんねい》を保護するのが国を経営する政府の義務であり、琉球にそれを拒む権利はない」とはねのけた。外敵が攻めたときに日本が一体となって防衛すると約束した。ところが、沖縄はあっさり切り捨てられ「捨て駒」にされた。沖縄戦で南西諸島守備軍と沖縄県民が命を懸けて戦っていたとき、大本営は本土防衛を優先させて沖縄を玉砕させた。日本は沖縄県民を同胞として迎え入れたのではなく、戦略上沖縄の土地がほしかっただけだ。琉球を処分した明治の帝国政府と、いまの民主党政権がダブって見える。

米軍普天間飛行場の移設問題で、政府は北東アジアの不安定情勢をことさら強調し、沖縄が反対する基地建設を強行しようとしている。岡田克也外相は「政治には国民の命を守る責任がある。地元だけで決まるわけではない」と述べた。明治政府の考えとまったく同じだ。

この思考の基底にはいまも昔も沖縄の存在を無視し、物・手段としてのみ扱う構造的な差別がある。沖縄を犠牲にすることで日本の安保が成立する。

明治政府が琉球に軍隊を配備したとき、いずれ日本が台湾、中国を侵略すると中国側は警戒した。現在は米国が沖縄をアジアでの出撃拠点としている。

軍事的な側面が突出する日米同盟は平和憲法や沖縄の存在論と矛盾しており、いずれ破綻するだろう。

改定安保条約には文化交流を深めることで平和を希求する精神も盛り込まれている。沖縄が再び侵略拠点として利用されないよう非軍事化し、国連が監視するシステムが望まれる。軍事条約を平和条約に変えるべき時代だ。

補章　沖縄問題が問うもの

普天間問題の真相

◉沖縄タイムス社論説兼編集委員　屋良　朝博

裏切られた期待

２０１０年、安保改定50周年に日米同盟は大きく揺れた。米軍普天間飛行場をめぐる「騒動」だ。日米間に生じた亀裂から同盟の病理が見えてきた。

どの国でも外国軍の駐留は政治問題化しやすい。住民の抵抗運動で撤退を余儀なくされた例は数限りない。世界有数の米軍受入国である日本は、この問題を沖縄に封印することに成功した。いまでは国内のごく一部の地域で起きる〝風土病〟のように扱われる。時折騒ぎが起きると病状すら知らない政治家とマスコミが野次馬のように傷口をひっかきまわす。沖縄にはたまらない仕打ちだ。

それが普天間をめぐる鳩山騒動だった。

琵琶湖の二倍ほどしかない沖縄本島に国内に存在する米軍専用施設の約７割が集中している。島の５分の１が基地に奪われ、住宅地の真ん中に飛行場がある。学校を軍用機がかすめ飛ぶ。

日米両政府が沖縄問題を直視せざるを得なくなったきっかけは1995年9月に起きた米兵による少女暴行事件だった。その翌年、日米両政府は普天間飛行場の移設・返還を合意した。しかし沖縄県内に代替飛行場を建設する移設計画は難航し、いまも普天間はそのままだ。

返還合意のころ、ある海兵隊将校はこの困難を見通して、「普天間の移設先は普天間だろう」と冗談交じりに語った。まさに予言は的中しそうだ。

民主党の鳩山由紀夫氏は政権交代を果たした2009年夏の衆議院選挙で、「普天間は最低でも県外（へ移転する）」と公約した。首相候補が基地本土移転を宣言したのは初めてで、沖縄県民はようやく基地の呪縛から解き放たれると期待した。

ところが民主党政権は米政府と交渉にすら入れずじまいで、結局、沖縄本島北部の名護市辺野古に普天間を移設する自公前政権と同じ合意を重ねてしまった。沖縄の期待、希望を置き去りにしたまま鳩山氏は首相の座から退いた。

沖縄では路上に「怒、怒、怒」と書いたプラカードがあふれた。県内移設を容認する立場だった仲井真《なかいま》弘多知事でさえ、「(沖縄は) 差別されている」と憤った。知事は政策を「県外移設要求」に切り替え、2010年11月の知事選を勝利した。

「米軍は日本全体のためにいるので、沖縄に押し付けず、安全保障の原点に戻って全国で解決策を見いだし、移設先を確保してもらいたい」

仲井真氏の問いかけに本土は向き合えるだろうか。沖縄を踏み台にしてきた日米同盟はいまそのことが問われている。

文民統制の崩壊

知事の主張が実現することに期待を抱くほど県民はナイーブではない。政府には現状を変える意思と胆力がないことを沖縄は嫌と言うほど思い知らされている。日本の総理大臣ですら、沖縄問題を不用意に触ると首が吹き飛んでしまう。

そしてこの問題で大手メディアの無責任さも際だった。防衛問題を担当する記者ですら、沖縄配備の米軍部隊について十分な知識がないまま、基地問題を論じている。大手紙が社説で主張したのは、

①日米同盟を危機にさらすな
②抑止力を維持せよ
③沖縄の負担を軽減せよ

の3点だった。沖縄に基地を集中させる政策を検証する論説はなかった。鳩山氏が退任し、菅政権が日米合意を追認すると、メディアはすべてが終結したかのように「沖縄」から離れた。この言論空間のよどみ、ゆがみが沖縄問題を一層難しくする。

たったひとつの米軍飛行場のために首相が辞めてしまう国は日本以外に存在するだろうか。文民統制が瓦解している。

ことほど左様に、迷走と失望の安保改定50年だった。ただ別の見方をすれば、日本は沖縄問題を解決しないという選択をしたのかもしれない。

アメリカが守ってくれるのなら、これまで通り沖縄を差し出し、地元の声には耳をふさぎ、米政府の強引な要求にもちょっとずつ応じながら、日米同盟をマネジメントすればいい――。それが本音ではなかろうか。

戦略拠点の虚構

米軍の沖縄駐留は日本が求めている、という真相はさまざまな形で明らかにされている。

２０１０年11月に外務省が公開した沖縄返還当時の外交文によると、１９６７年にロバート・マクナマラ米国防長官は、訪米した琉球政府の松岡政保主席に対し、「沖縄基地は沖縄人や日本が考えているほど重要ではない」と語った。

沖縄に配備されていた核兵器についてマクナマラ長官は「地上配備は有効でない」と否定的だった。さらに地上戦力についても「飛行機の進歩で大量の兵力を海外に駐留させておく必要はない」ことを明かした。

ベトナム戦争で沖縄の牧港補給基地がその兵站《へいたん》基地として、それこそ「トイレットペーパーからミサイルまで」フル回転したことはよく知られているが、しかし戦闘部隊の基地としてはさほど「重要ではない」と、あのベトナム戦争のさなかに、当時の米国国防長官が言っているのである。

ところが、それを知ってか知らないでか、当時の日本政府は「核報復基地をはじめ、沖縄にある各種基地機能を他地域へ移すことは、経済的負担が極めて大きい」と考えていた。そして沖縄に基地を配備する理由は、韓国と台湾を支援する「最適の位置」にあると主張した（防衛庁、１９６９年「沖縄返還に関する防衛上の諸問題」）。以後、今日まで日本政府の見解は変わっていない。

日本の防衛政策は進化を忘れ、ガラパゴス化してしまった。防衛当局者は現在も「沖縄に基地があるのは地理的優位性のためだ」と真顔で言う。この議論が正しいのかどうかを検証しなければ、沖縄問題は前に進まない。

まずは実態の把握が欠かせない。

日本配備の米軍は３万４３８５人（２０１０年９月、米国防省統計）で、西太平洋地域に前方配置する太平洋軍のほぼ半数を占めている。軍種別は陸軍２６８４人、海軍３４９７人、空軍１万２５２６人、海兵隊１万５６７８人。最大兵力の海兵隊はマクナマラ長官がほぼ半世紀前に不要だと名指しした地上兵力だ。海軍艦船で出撃し、海兵を攻めるクラシックな戦法（強襲揚陸）だ。

海兵隊がこの戦法を大規模に実施したのは１９５０年の朝鮮戦争が最後で、それ以降行われていない。砂浜を駆け上がる決死戦はいまどき不要だからだ。いまは空と海からミサイルで敵陣のほとんどを壊滅させてしまう。だから米国内では常に不要論がくすぶっている。

そんな海兵隊は、沖縄の米軍基地の７割を占有し、兵員数も群を抜く圧倒的な存在だ。沖縄基地問題の多くが海兵隊の駐留に起因している。

張り子の虎・海兵隊

なぜ海兵隊は沖縄に配備されているのかについて、「防衛省の天皇」と呼ばれた守屋武昌元防衛事務次官にインタビューした。

守屋氏は防衛装備品をめぐる収賄事件で2年6カ月の実刑判決が言い渡され、２０１０年9月21日に収監された。その約1週間前に行ったインタビューのやりとりを抜粋する。

筆者「なぜ沖縄に海兵隊が」

守屋氏「インド洋から太平洋にかけての広い範囲であらゆる種類の任務を帯びている。彼らが任務を果たすには沖縄しかない」

筆者「でも沖縄には部隊を運ぶ輸送手段はないですよ。海軍の輸送船は長崎県佐世保を母港としている」

守屋氏「いっぺんに全ての部隊を投入するのではない。空軍の大型輸送機Ｃ５ギャラクシーでヘリコプターなども載せて、必要な部隊を派遣できる体制だ」

筆者「米空軍はＣ５ギャラクシーを沖縄に配備していません」

守屋氏「持ってくればいいでしょって」

筆者「米本国から持ってくるのですね」

守屋氏「そうだよ」

筆者「輸送機が太平洋を横断してきて海兵隊員をピックアップするなら、沖縄であろうと九州であろうと即応時間に大きな時間差は生じないはずです。海兵隊駐留を沖縄に限定する理由が理解できない」

守屋氏「だから、時間というよりも地上部隊を投入するには時間がかかるということですよ」

インタビューはこのように堂々巡りだった。最後は守屋氏の説明は合理性をまったく欠いていた。防衛トップでさえ、海兵隊の沖縄配備の理由を合理的に説明できないことだけははっきりした。

現場からの告発

もっと具体的な疑問を言えば、空っぽの大型輸送機を沖縄に向かわせるよりも、本国の隊員を搭乗させて直接任務地へ投入したほうがよっぽど合理的なはずだ。

湾岸戦争で米軍は総計約50万人を動員した。このうち海兵隊は9万3千人で、守屋氏が説明するように、ほぼすべてを米本国から空軍輸送機でサウジアラビアの前線基地へ投入した。

これが真実なのだ。沖縄の海兵隊はイラクとアフガニスタンへも派遣されているほか、アジア地域の同盟国（韓国・オーストラリア・タイ・フィリピン）を巡回し、共同訓練や地震・津波の救急活動、民生支援などに忙しい。沖縄でシーサーのように鎮座し、日本の安全を守ってくれていると考えるのは大きな勘違いだ。いざとなれば輸送機でどこへでも飛んでいくことが可能だ。「最適な位置」という沖縄の宿命論は虚構だ。

民主党政権が初めて策定した２０１０年『防衛白書』は沖縄の海兵隊の駐留意義と役割について、「この地域内で緊急な展開を必要とする場合に沖縄における米軍は迅速な対応が可能。また沖縄はわが国の周辺諸国との間に一定の距離を置いているという地理上の利点を有する」と書いた。懲《こ》りない人たちだ。60年代にマクナマラ長官が否定したことをいまも繰り返すのはまったく不誠実だ。

日本にはアジアに展開する米兵の約半数が駐留する。思いやり予算を含む米軍駐留経費は韓国の8倍、ＮＡＴＯ全体の2倍と群を抜く。冷戦期の体制を維持しなければ日本の安保は成り立たないのかどうか、そろそろ真剣に検証すべきだ。

沖縄の犠牲を足場にしてきた日米同盟は早晩行き詰まる。その兆候がすでに見え始めている。カネで基地所在地の不満を抑えてきた「補償型基地行政」が効力を失った。普天間の移設先とされる名護市では基地受け入れの代償として１９９７年から２００９年までに約４６０億円の振興策が実施された。億をかけた超豪華な公民館やコミュニティーセンターが造られた。しかし公共事業で市民生活が豊かになったわけではない。名護市民は２０１０年1月の市長選で基地建設に反対する市長を誕生させた。

これは日米安保を支えてきた「補償型基地行政」の行き詰まりを意味する。日米同盟はこれまでにない試練に直面するだろう。「差別」を意識しはじめた沖縄の県民運動は不可逆的に進展している。「安保の現場」からの告発は続く。

＊―年表で振り返る安保・基地問題

1945	8月　アジア太平洋戦争（第二次世界大戦）、日本の敗戦で終結。連合国最高司令官のダグラス・マッカーサー元帥が横浜市内のホテルに司令部（ＧＨＱ）設置、そのあと東京へ。基地接収始まる 10月　国際連合成立
1946	6月　米海軍佐世保基地創設 11月　日本国憲法公布
1947	5月　日本国憲法施行
1950	2月　ＧＨＱ、沖縄の恒久的基地建設開始を発表 6月　朝鮮戦争開戦 7月　マッカーサー元帥が警察予備隊7万5千人創設や海上保安庁8千人増員を許可 8月　警察予備隊令公布・施行 12月　米海軍厚木飛行場の使用開始
1951	9月　対日平和条約・旧安保条約調印 10月　衆院が対日平和・旧安保条約を承認（参院は11月18日）
1952	4月　対日平和条約・旧安保条約発効、沖縄と奄美群島、小笠原諸島を分離し日本が独立を回復。海上警備隊（海自の前身）発足 10月　警察予備隊を保安隊へと改編、軍備を強化
1953	7月　朝鮮戦争休戦協定調印 10月　池田・ロバートソン会談で自衛力暫増を約束 12月　奄美群島日本へ復帰
1954	7月　保安隊を自衛隊へと改編、陸・海・空自衛隊発足。保安庁は防衛庁へ
1955	3月　沖縄の伊佐浜と伊江島などで土地強制接収（銃剣とブルドーザー） 8月　重光・ダレス会談で日米安保条約改定について共同声明
1956	6月　沖縄の土地問題でプライス勧告。全県的な「島ぐるみ闘争」が起きる
1957	6月　「防衛力整備目標」（1次防）国防会議決定、閣議了解。岸・アイゼンハワー会談で在日米軍早期返還に関する共同声明 7月　キャンプ座間に在日米陸軍司令部設置
1958	9月　藤山・ダレス会談（ワシントン）で日米安保条約改定に同意
1959	3月　東京地裁が砂川事件について米軍駐留違憲と判決（伊達裁判）

✻——年表で振り返る安保・基地問題

1960	1月　日米新安保条約、日米地位協定調印 5月　自民党、衆院に警官隊を導入して新安保条約を強行採決 6月　安保闘争で東大生死亡。日米新安保条約、自然成立（期間10年）、日米地位協定発効
1961	3月　駐留軍等労働者の給与制度を国家公務員に準じる制度切り替えに日米が合意 9月　東富士演習場返還に伴う措置を閣議了解
1963	9月　厚木海軍飛行場の航空機騒音軽減で、日米合同委員会が規制措置で合意
1964	4月　横田飛行場の航空機騒音軽減で、日米合同委員会が規制措置で合意 9月　神奈川県大和市に米軍ジェット戦闘機が墜落、死傷者9人、損壊建物10棟 11月　米原子力潜水艦シードラゴンが初めて日本（佐世保）に寄港
1965	2月　ベトナム戦争で米軍の北爆開始。防衛庁内の三矢作戦研究が国会で暴露される 8月　佐藤栄作首相が戦後の首相として初の沖縄訪問
1966	5月　米原子力潜水艦が米海軍横須賀基地に初入港
1968	1月　米原子力空母エンタープライズが佐世保に初入港、反対運動が燃え上がる
1969	11月　佐藤・ニクソン共同声明で、安保条約の延長と72年の沖縄返還を発表
1970	6月　日米安保条約が自動継続 10月　中曽根防衛庁長官、初の防衛白書「日本の防衛」発表
1971	6月　沖縄防衛協定（久保・カーチス協定）調印 7月　海自と米海軍が厚木基地の共同使用を始める 11月　非核兵器ならびに沖縄米軍基地縮小に関する決議 12月　衆院本会議で沖縄返還協定可決
1972	4月　国防会議で「自衛隊の沖縄配備」決定 5月　沖縄返還。自衛隊の配備進む 6月　戦後初の沖縄県知事選挙で屋良朝苗氏が初当選 9月　日中国交回復
1973	9月　北海道・長沼ナイキミサイル訴訟で札幌地裁、自衛隊に違憲の判決（福島判決） 10月　米空母ミッドウェーが横須賀基地に配備
1975	4月　ベトナム戦争終結
1977	9月　米軍ジェット戦闘機ファントム機横浜市緑区に墜落。死者9人、損壊家屋51軒

	11月　立川飛行場全部返還
	12月　日米合同委員会で、福利費および管理費を日本側が負担することで合意
1978	5月　沖縄県所在22施設・本土所在6施設の使用条件等について公表
	6月　金丸防衛庁長官、米軍への「思いやり予算」を計上
	10月　原子力船むつ、佐世保に入港
	11月　「日米防衛協力のための指針」（ガイドライン）を閣議了承
1979	7月　揚陸指揮艦ブルーリッジが横須賀基地に初入港。10月には第7艦隊司令部が同艦に置かれる
1980	2月　海上自衛隊が米海軍の環太平洋合同演習（リムパック）に初参加
1981	5月　日米共同声明で「同盟関係」明記
1982	2月　陸自が初の日米共同指揮所訓練、空自は83年、海自は84年に実施。厚木海軍飛行場で初の夜間連続離着陸訓練（NLP）を実施
1983	1月　中曾根首相、米紙に「日本列島を不沈空母化」発言
1984	11月　沖縄で駐留軍用地特措法に基づく使用権原取得手続き着手（一坪反戦地主の土地所有者が2000人を超える）
1986	10月　初の日米共同統合実働演習
1987	1月　在日米軍駐留経費負担（思いやり予算）に係る特別協定に署名
	8月　国際緊急援助隊派遣法成立
1989	1月　硫黄島での暫定的なNLPの実施について日米間で基本的了解
	11月　ベルリンの壁崩壊
	12月　米ソ両首脳、冷戦終結を宣言
1990	8月　イラク軍、クウェートに侵攻、湾岸危機はじまる
1991	1月　湾岸戦争開戦。政府が湾岸地域の平和回復活動に90億ドルの追加支援を決定
	4月　海自掃海艇など6隻をペルシャ湾へ出港
1992	6月　国連平和維持活動（PKO）協力法成立
	9月　国連カンボジア暫定機構へ自衛隊の部隊を派遣、陸自が初めて海外に出る。在日米軍初の強襲揚陸艦ベローウッド、佐世保に配備
1993	5月　国連モザンビーク活動へ自衛隊の部隊を派遣
1994	9月　ルワンダ難民救援隊派遣
	11月　神奈川県知事と逗子市長、防衛施設庁長官が池子住宅地区および海軍補助施設の米軍家族住宅建設に合意

1995	1月　阪神淡路大震災で自衛隊を災害派遣 9月　沖縄県で米兵による少女暴行事件が発生 10月　「米軍人による少女暴行事件を糾弾し、地位協定の見直しを要求する沖縄県民総決起大会」8万5千人が参加 11月　日米両政府が沖縄に関する特別行動委員会（SACO）を設置
1996	2月　ゴラン高原に自衛隊PKO派遣 3月　嘉手納飛行場および普天間飛行場における航空機騒音の軽減に関する規制措置を日米合同委員会で合意 4月　橋本首相・モンデール駐日米国大使の会談で普天間飛行場の全面返還を合意。続いて橋本・クリントン両首脳による日米安保共同宣言発表（安保「再定義」） 12月　SACO最終報告、沖縄本島東海岸に普天間代替施設が盛り込まれる
1997	3月　外務省が沖縄返還に伴う基地継続使用の5・15メモを全文公表 7月　沖縄の県道104号越えの実弾砲撃演習、本土の4演習場へ移転開始 9月　「新日米防衛協力のための指針」（新ガイドライン）決定
1998	6月　国際平和協力法改正法が公布 8月　北朝鮮が日本上空を越えるミサイル・テポドン発射を実施 11月　ホンジュラスに国際緊急救援隊派遣
1999	3月　能登半島で「不審船事件」 5月　周辺事態法成立 8月　周辺事態安全確保法を施行 10月　SACO合意により、読谷補助飛行場でのパラシュート降下訓練の伊江島移転を合意 11月　東ティモール避難民救援で、インドネシアへ自衛隊派遣。稲嶺恵一沖縄県知事が普天間飛行場の移設候補地を名護市辺野古沿岸域に決定したと表明
2001	1月　日米合同委員会で「施設・区域への緊急車両等の限定的かつ人道的立ち入り」を合意 9月　ニューヨークの高層ビルやワシントンのペンタゴンへ同時テロ 10月　米英軍アフガニスタン攻撃開始。テロ対策特措法成立。アフガニスタン難民救援国際平和協力業務の実施 11月　テロ対策特措法、自衛隊法一部改正法公布。インド洋へ海自艦艇が出航 12月　航空自衛隊による在日米軍基地間の国外空輸を開始

2002	1月　海上自衛隊補給艦によるインド洋での米艦船への洋上給油および航空自衛隊の国外空輸を開始 12月　日米両政府が米軍再編協議を開始。奄美大島沖で武装「工作船」と海保巡視船が銃撃戦
2003	3月　イラク戦争開戦 6月　有事関連3法成立 12月　自衛隊イラク派遣、弾道ミサイル防衛システム（ＢＭＤ）の導入を閣議決定
2004	1月　陸上自衛隊先遣隊がイラクへ出発 2月　イラク特措法により、第1次復興支援群が出発 8月　米軍大型ヘリコプター普天間飛行場隣接の沖縄国際大学構内に墜落。
2005	10月　米軍再編日米協議で「日米同盟：未来のための変革と再編」を発表
2006	5月　「再編実施のための日米のロードマップ」を発表、沖縄の海兵隊8千人、家族9千人をグアムへ移転、その施設建設のため日本が費用約１３０億ドルの6割を負担することを決める。防衛庁長官と稲嶺沖縄県知事が「在沖米軍再編にかかる基本確認書」を締結 6月　日米首脳会談で、共同文書「新世紀の日米同盟」を発表。日米ＢＭＤ共同開発で、米国に対する武器および武器技術の供与を決定、実施覚書を米国と締結。第10次イラク復興支援群に撤収命令 8月　神奈川県知事が米海軍横須賀海軍施設への原子力空母展開の受け入れを表明
2007	1月　防衛庁が「省」に昇格、これまで自衛隊法の末尾の「雑則」に含まれていた海外活動が「本来任務化」される 3月　米軍再編協議の合意により、米軍嘉手納基地所属のＦ15戦闘機の本土移転訓練が始まる 8月　普天間飛行場代替施設建設に関する環境影響評価方法書を環境省は沖縄県へ提出。県は受け取りを保留
2008	3月　米海兵隊キャンプ・ハンセンの共同使用にともない、陸自が訓練 6月　普天間飛行場の爆音訴訟で那覇地裁沖縄支部が、国に対し総額約1億４６７０万円の支払いを命ずる。夜間・早朝の飛行差し止めは認めず 7月　沖縄県議会が名護市辺野古沿岸域への新基地建設に反対する決議・意見書を賛成多数で可決 9月　原子力空母ジョージ・ワシントンが横須賀に配備

2009	1月　バラク・オバマ、第44代米大統領に就任 2月　日米外相が「在沖米軍海兵隊のグアム移転に関する協定」に署名。小沢一郎民主代表「米国の極東におけるプレゼンスは第7艦隊で十分」と発言 3月　ソマリア沖での海賊対処のため海自護衛艦が出港 5月　在沖海兵隊のグアム協定（日本の費用負担支出）、国会承認 9月　民主党鳩山内閣発足 10月　仲井真知事がアセス準備書に「全般的書き直し」を求める意見書提出 11月　米軍普天間飛行場の県内移設反対を訴えた県民大会に2万1千人（主催者発表）が参加 12月　鳩山首相、普天間問題の年内決着を先送り
2010	1月　新テロ対策特措法の期限切れに伴い、インド洋の海自部隊に撤収命令。沖縄・名護市長選で「陸にも海にも基地は造らせない」と公約した稲嶺進市長が誕生。9月の市議選でも市長与党が勝利 2月　沖縄県議会で普天間飛行場の早期閉鎖、返還を求める意見書を全会一致で可決 3月　韓国海軍の哨戒艦「天安」が黄海で沈没。沖縄の陸自第1混成団が第15旅団に昇格、増員して2100人に 4月　「米軍普天間飛行場の早期閉鎖・返還と、県内移設に反対し、国外・県外移設を求める沖縄県民大会」超党派で開催 5月　普天間飛行場の移設先を名護市辺野古とする日米共同声明を発表、沖縄県に「辺野古受け入れ」を要請 6月　鳩山首相退陣。菅直人民主党内閣発足、先の日米合意尊重を表明 9月　尖閣諸島周辺で海保巡視船と中国漁船が衝突。翌日、海保が中国船長を逮捕、その後釈放 11月　北朝鮮が韓国・延坪島を砲撃、民間人含む死者4人。沖縄県知事選挙で普天間飛行場「県内移設」から「県外移設」へと転換した仲井真知事が再選。黄海で米韓合同軍事演習、空母ジョージ・ワシントン参加 12月　沖縄東方沖で日米共同統合演習。新たな「防衛計画の大綱」策定

あとがき

戦後の日本で、軍事力の行使による戦争は起きていません。この間に世界中で起きた悲惨な事実を考えれば、とても恵まれた時代であったのだと思います。日本で戦争が起きなかったのは、日本国憲法の力だという人もいれば、日米安保のお陰だという人もいて、いろいろです。これをどう評価するかは、その人なりの歴史のとらえ方なのだと思います。

言うまでもなく日米安保の本質は、核抑止の肯定と米国軍隊の日本駐留です。核抑止の是非は常に論争されてきました。また、米軍基地を抱える日本各地でさまざまな問題が起き、とりわけ沖縄は圧倒的に過大な負担を背負わされてきました。

日米安保はほんとうに日本の平和を守ってきたのでしょうか。２０１０年の元日付で、沖縄タイムス、神奈川新聞、長崎新聞の3紙で同時に開始した合同企画「安保改定50年　米軍基地の現場から」は、そんな視点で地方の記者が地方の視点から考えてみた連載記事です。

日米安保条約は、日本の防衛に米国が軍事的に関与する約束です。条約が今の形になって50年を迎え、日本から見れば戦争が起きなかった以上、まがりなりにも安全保障として機能したという評価が一般的かもしれませんが、そのひずみが深刻に表れていることも明らかで、功罪の検証はどうしても必要でした。

辺野古、普天間、嘉手納、横須賀、厚木、座間、池子、横浜、前畑、崎辺……。地域の問題は多岐にわたりますが、たとえば私たち長崎県民は身近な現場として佐世保のことしか知りません。それは沖縄も横須賀も同じで、かれらも地元に関する実感や考察はあっても、よそのことは知らない。一つのテーマについて、沖縄と佐世保と神奈川で実例を出し、共通点と相違点を明らかにし、その先に見えてくるものを探そうというのが、3社が集まった理由です。米軍駐留による経済の形成、訓練被害や米兵による事件・事故の実情、安保再定義とその舞台裏。それぞれの現場を歩き、日本の安全保障の矛盾を浮き彫りにする取材を試みました。

記事を作っていく過程は、地方紙が地元の視点で積み重ねてきた価値観をぶつけ合う作業にもなりました。長崎新聞は佐世保をどう書いてきたか、原爆をどう扱ってきたか。沖縄タイムスは米軍をどう書いてきたか、核問題をどう見てきたか。神奈川新聞は横須賀をどう書き、在日米軍全体をどう位置付けてきたか。それぞれの記者から、自社の文化が自然に出てしまいます。特集で、連載で、そんな文化がチャンポンになる局面が見られて面白かった。

米軍基地のある各地域を結んで安保を検証することは、日本中に取材網を持つ全国紙にも可能な仕事だと思います。でも、あちこちの「地元の視点」の相互乗り入れ、地方文化の混じり合いは全国紙にはできません。田舎者が自分の話法で書く姿勢は変えようがありませんから、それは全国紙にはまねできません（神奈川新聞の人は「田舎者」とは呼べないでしょうけれど）。

沖縄と神奈川と長崎は、離ればなれです。今回の企画はさまざまな段階で障害があったのは当然であり、それは記者にとってやりがいを感じた点でもありました。3社による会議は、別の出張を利用して集まる方法でした。最初の会議は、組合出張に便乗させてもらい長崎新聞と神奈川新聞が沖縄に飛びました。沖縄タイムスの記者が長崎に講演で招かれたのに合わせて、神奈川新聞の記者が長崎に来てくれたこともありました。沖縄タイムスと長崎新聞の東京出張のタイミングに横浜で、という会議もありました。日常的にはメールとスカイプを活用し、意思疎通を図りました。

記事は連載回数だけで計80回に及びました。内容の評価は読者の皆さんにお任せしますが、新聞社の側から言わせてもらえばチャレンジとして有意義であったことは疑いありません。機会があればまたやってみたいし、この経験を生かして、もっと激しいことをやってみたいと考えています。

今回の企画が、第16回平和・協同ジャーナリスト基金賞（大賞）、第15回新聞労連ジャーナリスト大賞優秀賞などを受賞し、さらに単行本となり、3紙の地元だけでなく全国の読者に「安保の現場」を報告できることは、大きな喜びです。

最後に、私たちの取材に対し、真摯に対応していただいた多くの方々に、この場を借りて謝意を表します。また、この連載を単行本にする機会を与えていただいた高文研のみなさんと、記者たちに適切な助言を与えてくださった担当の山本邦彦さんのお力添えに心から感謝します。

長崎新聞社報道部長　森永　玲

安保改定50年　取材班

◈沖縄タイムス

屋良朝博（やら・ともひろ）
上間正敦（うえま・まさとし）
中島一人（なかじま・かずと）
黒島美奈子（くろしま・みなこ）
知念清張（ちねん・きよはる）
鈴木　実（すずき・みのる）
吉田　伸（よしだ・しん）
具志大八郎（ぐし・だいはちろう）
西江昭吾（にしえ・しょうご）
吉田　央（よしだ・なか）
又吉嘉例（またよし・かりい）
福元大輔（ふくもと・だいすけ）
新崎哲史（あらさき・てつし）
吉川　毅（よしかわ・つよし）
比屋根麻里乃（ひやね・まりの）
福里賢矢（ふくざと・けんや）
湧田ちひろ（わくた・ちひろ）
上地一姫（うえち・かずき）
前田高敬（まえだ・たかゆき）
川上夏子（かわかみ・なつこ）

◈長崎新聞

森永　玲（もりなが・りょう）
山口恭祐（やまぐち・きょうすけ）
後藤　敦（ごとう・あつし）
北川　亮（きたがわ・りょう）
緒方秀一郎（おがた・しゅういちろう）
小槻憲吾（こつき・けんご）

◈神奈川新聞

高本雅通（こうもと・まさみち）
武田博音（たけだ・ひろと）
佐本真里（さもと・まり）
松崎敏朗（まつざき・としろう）
石川泰大（いしかわ・やすひろ）

沖縄タイムス社

1948年7月1日に創刊。米軍統治の下で地域に根差した新聞づくりに取り組む。悲惨な戦争体験から平和希求の沖縄再建を目指すことを起点とした。創刊翌年に開催した「沖縄美術展覧会」（沖展）は県内有数の総合展に発展、戦後の文化復興に務めた。

神奈川新聞社

1890年2月1日、前身の横浜貿易新聞が創刊。その後、横浜貿易新報と改題し、開港の地・横浜の商況紙として広く養蚕地で読まれる準全国紙に成長。大正・昭和初期には与謝野晶子、吉野作造らが健筆をふるう一般総合紙となる。1942年、横須賀日日新聞、相模合同新聞と合併し、神奈川新聞となる。

長崎新聞社

長崎県内最大の日刊地方紙。1889年9月5日、長崎新報の題号で創刊し、1911年、長崎日日新聞と改称した。1945年8月9日の原爆投下で社屋が焼失した。1959年から題号を長崎新聞に改め、現在に至る。

米軍基地の現場から

●二〇一一年二月一〇日——第一刷発行

著　者／沖縄タイムス社・神奈川新聞社・長崎新聞社＝合同企画「安保改定50年」取材班

発行所／株式会社 高文研
東京都千代田区猿楽町二－一－八
三恵ビル（〒一〇一＝〇〇六四）
電話　03＝3295＝3415
振替　00160＝6＝18956
http://www.koubunken.co.jp

組版／株式会社Web D（ウェブ・ディー）

印刷・製本／三省堂印刷株式会社

★万一、乱丁・落丁があったときは、送料当方負担でお取りかえいたします。

ISBN978-4-87498-454-3　C0036